张超 著

圈子不同 不必强融

你是谁，你才能吸引谁

北京联合出版公司
Beijing United Publishing Co.,Ltd.

图书在版编目（CIP）数据

圈子不同，不必强融 / 张超著. —北京：北京联合出版公司，2015.10（2016.3重印）

ISBN 978-7-5502-6147-1

Ⅰ. ①圈… Ⅱ. ①张… Ⅲ. ①成功心理—通俗读物 Ⅳ. ①B848.4-49

中国版本图书馆CIP数据核字(2015)第216422号

圈子不同，不必强融

作　　者：张　超

责任编辑：夏应鹏

装帧设计：柏拉图

北京联合出版公司出版

（北京市西城区德外大街83号楼9层　100088）

北京慧美印刷有限公司印刷　新华书店经销

字数150千字　880毫米×1230毫米　1/32　7印张

2015年10月第1版　2016年3月第2次印刷

ISBN 978-7-5502-6147-1

定价：32.80元

本书若有质量问题，请与本公司图书销售中心联系调换。电话：010-82069336

前言

价值观不同，一切示好都是错

每个人在社会上打拼都不只是靠自己。一个人周围的人、背后的人有谁，有多少，他们肯帮多少忙，都见证了他的社会活动力。

社会活动力的强弱决定了掌控力，决定了他脑海中想的事情能够实现多少，决定了他能遇到多少改变自己的机会。

有的年轻人不在乎这一切，靠着个人的英雄主义精神在社会上打拼。我想提醒的是，时代在发生变化，互联网时代人与人联系的方式多种多样，所有人都在让自己越来越活跃，身后链接的人也越来越多，而你不肯付出、故步自封，当你身后没有人的时候，总有一个时刻，你一定会感叹“人到用时方恨少”。

还有些年轻人太急于找到支持自己的人，眼神中发出急切的光，结果却要么将自己的整个发展都依赖他人，这样难免被人利用，他们便心生失望；要么为了迎合他人，委曲求全，最终也难以获得资源，更不能被人尊重。毕竟阅历有限，难免会有越努力、越用力，却越难以实现目标的时候。

我想起自己在年轻时遇到的一件事，它第一次让我明白了，如果对方的价值观在本质上与你不同，你对他的一切示好都是错。

当时，单位让我为在大企业任职的李总安排一次电视台的采访活动。我与李总有一面之缘，李总当时还说了场面话，说记者是“无冕之王”，如果有机会合作，希望我一定要多多出力，为他的企业多宣传。

这家企业在当地很有威望，李总对外的形象也一直很亲和。

我想这次的活动一定要办好，不能只做一次简单的采访，如以往一样在电视上播出效果平平。

要让这家企业的形象更加深入人心，产品得到更多消费者的认可，就得把环节设计得更丰富一些。于是，我联系了两个做记者的大学校友来采访，还安排了摄影师拍摄李总从家出发来公司工作的状态，最后安排了一个李总与消费者互动的环节。当天的活动进行得很顺利，大家感觉很不错。

本以为这次活动，自己精彩地完成了工作，会得到李总的认可。可是晚上回去的时候，李总却向他的秘书发了脾气，大意是：以前三个小时可以结束的活动，现在忙到晚上，有个饭局都没来得及参加！以后这样的事情不允许再发生。

那一刻我才知道，李总的价值观和我的完全不同。实际的情况是，再过一年李总就不在这家单位工作了，我的安排虽说为企业增加了曝光率，但给他自己添了麻烦。他心中没有了发展的观念，只想平稳度日，闲适自在。

这样的想法也没有错，但我当时想起自己曾经为一家小企业稍微多做了一点事情，他们回报给我的感激，我切身感受到了人与人之间的不同。

人与人之间的确是不同的，深层想法上的不同无法强融。

一个人在社会上会面对不同的人，他们有不同的需求、不同的处境，那么该如何正确认识自己的价值，进行正确的价值交换？如何在需要他人的时候，累积自己的信誉与力量？如何在出现各种问题与矛盾时，正确处理并稳固自己的圈子呢？

本书将回答以上问题，书中案例来自已出版过的文字，根据对最新社会变化中的观察做了新的思考与整理，逻辑更加清楚，观点更加明确，希望能给有心的读者以启发与帮助。

目录 CONTENTS

第一章 价值交换是一切的答案

看清真实的自己

你的能力有多高 /003

没想象中那么努力 /005

弥补不足增加价值 /006

委曲求全没有用

尊严来自于实力 /009

允许自己不帮别人 /011

别激发他人的强势 /013

不断让自己增值

实在是一种资本 /015

看得清，经得起折腾 /016

投资自己才一本万利 /018

每种性格都有优势

性格不是问题 /021

坏脾气和性格无关 /023

没有人天生急躁 /025

敢真实地表达你自己

想出色要找准时机 /027

利用非正式场合 /029

用记录做表达 /030

小处不当，自贬身价

该严肃的场合别豪迈 /032

尊重自己的职业 /034

别贪恋免费的午餐 /035

你的眼光决定你是谁

往前再看一步 /038

让自己长线发展 /040

看他人不可坐井观天 /042

你说的话带你到哪里

从内心理解对方 /044

和顺的话让事态和顺 /045

越否定越虚弱 /047

第二章 把适合你的好圈子维护好

身边的人是资源

建立人群关系 /053

别无度索取 /055

内向的人也有空间 /057

向你在乎的人示好

示好是门技术活 /059

给别人更远的梦想 /060

让别人记住你的好 /062

最聪明的“笨拙”

聪明造成的困境 /064

有意义的笨拙 /066

求发展，不求小欢喜 /067

创造价值赢来平等

把弱气场变强 /069

一句话打动别人 /071

影响强势的人 /073

让周围一切有价值

比别人多件秘密武器 /075

一眼看透对方的圈子 /076

还人情要及时 /078

用肯定消灭他人的抵触

扎针帮不了别人 /080

心情放松，抵触感降低 /082

肯定他人的价值 /084

圆融之道不伤人

谨慎守来好结果 /085

多做好的假设 /086

培养乐群气质 /088

处理好信息才能处理好关系

辨别真假信息 /091

谈吐随性，前途堪忧 /092

交深言深，交浅言浅 /093

有效沟通就要解决问题

会听才会说 /096

想不发火有妙招 /098

口头赢未必赢 /100

第三章 在圈子里让别人愿意靠过来

随时推销自己

别让面子捆绑你 /105

电话总不响，你就打出去 /107

敢于分享你的经历 /108

多做传播，口渴之前先掘井

钓到的鱼也要勤喂食 /111

打上自己的烙印 /113

把影响力“变现” /114

让优秀的人离你很近

和谁在一起 /116

给大人物写信 /118

没有话题就交流读书 /119

没人稀罕群发的笑

不要向所有人示好 /121

尊重自己，心有准则 /122

公开场合的自重 /124

展示优势，把自己变磁石

展示你的精气神 /127

展示你的能量 /128

为自己投资 /130

合作是一门艺术

合作就是合理控制 /132

先兵后礼得感激 /133

轻信他人就是挑战自己 /135

有能力让客户对你忠诚

投递名片留印象 /138

对客户说“这不适合你” /140

客户爱发火，不是针对你 /141

让别人成为感恩的人

再修复的关联 /145

感激是种结交手段 /146

学会忘记，轻松上路 /148

第四章

开发新资源，不被老圈子限制

坚持自我不等于封闭

别给封闭找借口 /153

低调需要资格 /154

以事为先，突破自己 /156

软实力影响你的圈层

影响他人的能力 /158

多个技能来傍身 /160

样样会，样样有机会 /162

没有方向感，圈子成圈套

找圈子别盲目 /165

圈子里也并不安全 /167

丰富比单一好 /168

约见是项大工程

约见之前做功课 /170

60秒展示出气场 /171

合理控制小插曲 /174

自恋的人不易被感动

珍惜自己的付出 /176

真诚不能解决所有问题 /179

辨别轻诺寡信的人 /181

看出对方的隐秘心思

号称排斥的是他想要的 /183

瞬间的表情有玄机 /185

串联对方的行为 /187

让时间帮你成为最对的人

耐得住时间 /190

服务之后再服务 /192

维护长期形象 /194

让各色老板都成为资源

老板吝啬有机会 /196

汇报工作好处多 /197

讲究原则无烦恼 /199

让你做的一切都自然

对他人的好要自然 /201

等别人对你产生好奇 /203

不刻意，别人就不设防 /205

第一章

价值交换是一切的答案

看清真实的自己

委曲求全没有用

不断让自己增值

每种性格都有优势

敢真实地表达你自己

小处不当，自贬身价

你的眼光决定你是谁

你说的话带你到哪里

看清真实的自己

你的能力有多高

小李感到工作时的自己非常不开心。

工作常常出错，总是遭到领导的白眼。

她学的专业是旅游管理，从事的却是财务工作。

小李常说："财务工作太无聊了，我不喜欢这份工作，我宁愿自己找一份喜欢的工作。如果那样的话，我就能发挥出自己的价值。可是现在没办法，爸妈都给安排好了……"

大家是不是常常听到这样的抱怨?

他们貌似值得同情，实际上是在逃避责任，实在找不到自己不成功的借口时，就把一切归结到父母的身上。

再有能力的父母，也希望孩子自己能争口气，闯出一片天地。这样，他们就不必再为孩子担心了。而不能适应环境的子女却让他们屡屡失望，他们不得不伸出"援手"。

有许多年轻人曾问我：“我找了个女朋友，父母不同意，我该不该听家人的意见？”

或者有人说：“我毕业了，找工作简直就是父母替我选择的过程！”

每当听到这些话，我都会让他们先找自己的问题：在婚姻问题上，因为你自己都不知道如何选择，父母才干涉你的生活；在工作问题上，因为你不行，父母才帮你选择。

当然，你可以永远把失败的责任推给别人，可是真正承受失败的人还是你自己。

你想拍板，没人拦得住你！

当我们把不成功归结到一些客观因素上的时候，就意味着我们可以肆无忌惮地选择失败了，借口永远是无穷无尽的。这样，再和朋友聊天的时候，我们就可以拿自己那些说了一千遍的借口得到安慰和同情。例如：

不是因为我不行，是因为游戏规则不好；

不是因为我不行，是因为我比别人更有自尊心；

不是因为我不行，是因为坏人太多；

……

不得不说的一点是，真正成功的人是不屑于听这些话的。

只有弱者，才会和弱者交换懒惰和不成功的借口。

没想象中那么努力

很多年轻人觉得自己怀才不遇，自己已经做了很多努力，为什么就是得不到别人的认可，为什么就是不能改善个人的际遇呢?

也许答案只是，他们没有自己想象中那么努力。

很多事情，他们都只是停留在想的层面，没有着手去做。

尤其要小心“知识的负担”。

根据我的观察，很多年轻人做事往往没有任何负担，想了就做，可是有的年轻人总希望自己能有一个好的开始，所以一直在努力地想，而不是努力地做。

例如，想学英语，不是马上学习，而是先学习方法，一学就是一个月过去了；想多看书，不是马上看书，而是先学习看书的方法，一学也是一个月过去了。

他们为了让自己的效率更高，总是在做无休止的准备。

等到别人背了很多单词，已经能与其他人交流的时候，他们还在似是而非的状态里。因此我建议，不要期待完美的开始，完全可以从“不完美的开始”开始。

想想看，当我们还是孩子的时候，我们学习的东西是最多的。从一个字都不会说、不会写，到说错了、写错了，再到最后说对了、写对了。因为那时候，我们不成熟，不用担心面子，不需要找借口，想学的时候就去学，错了就改正，然后成长。

不要给自己找太多的借口，有的事情真正做的时候，你会发现并没有那么难。

弥补不足增加价值

每个人在社会上生存都有自己的价值。

如果一个人能够在相信自己能力的基础上，改进自己的不足之处，他就会将自己的价值扩大数倍。

例如，一个人很有文化，这样的人难免骄傲，认为别人懂的他都懂，这就会制约他的成长，但是在咨询别人意见的时候能够认真倾听，他就能掌握更为全面的信息，让自己成为全才。

再例如，一个人很好面子，这也不是错事，这样的人在和别人的交往中，最大的特点是非常周到，但是他难免容易在自己犯错的时候死不认错。如果他能尊重事实，他收获的认可就会更多。

在金融大鳄索罗斯看来，人的认识天生就不完美，获取的知识并不足以指引其行动，这便是“易错性”，需要人们不断犯错，不断承认，不断修正。他曾经在接受采访时这样说：“我有认错的勇气。当我一觉察到自己犯错了，就马上改正，这对我的事业十分有帮助。我的成功，不是来自于猜测正确，而是来自于承认错误。”

在工作和与人交往的过程中，即使经验再丰富，在判断和处理一件事情的时候也可能有失误，因为生活中总有一些你看不到的变量，可人们总是习惯于在自己的立场上，对获得的信息进行过滤。他们往往更倾向于用自己希望获得的信息，来佐证自己的观点。

我们要勇于意识到自己的不足，不要人为地把一件事情复杂化。

朋友的公司曾经来过一位博士。朋友本来是非常期待与这位博士合作的，因为他在招聘会上感受到了博士良好的谈吐。可是令朋友郁闷的是，这位博士来到公司之后，和大家相处得并不融洽。

这位博士总是摆出一副高傲的样子，这让其他同事都不愿意帮助她。有一次，一个重要的客户要来。朋友让博士安排一下中午一起吃饭，博士答应了一声人就没影儿了。过了好长时间，博士气喘吁吁地回来了，原来，博士亲自跑到饭店去订了个包间。

朋友不禁说道：“以后遇到这种情况，向同事要个饭店的电话打过去就可以预订房间了。”

可是博士很不服，她说：“为什么自己能办的事儿要麻烦别人，我向来靠自己解决问题。”

最后一句话让朋友彻底放弃了这位“人才”。

委曲求全没有用

尊严来自于实力

每一类人，都有适合自己的圈子。

融洽的人际关系有时候并不是和每个人都相处融洽，恰恰是和一些人的不融洽表现出了你的成熟。你会明白：有一些人出现在你的核心圈子里，你可以信赖他们；有一些人稍微远一些，你愿意接触他们，与他们共事，但并没有打算把他们当朋友；值得注意的是，还有一些人注定不是你的朋友。如果没有层次感，没有判断力，就难免委曲求全，想迎合所有人。

正如白岩松所说："我没想像大熊猫那样让全中国人民都喜欢我，从来没有想过。"当然，正因为他坚持了做自己，他的实在才更让人感觉亲近。

在有限的资源中求生存、谋发展的人都知道，让别人喜欢自己，这不是我们活着的目标。很多事，别怕别人不高兴，当你对自己的性格坚持的时候，别人就会为了适应你而改变。

我有个朋友，说话喜欢直来直去。他在公司里发现谁做错了，从来不回避矛盾，而是直接指出来，在他身上，没有暧昧不清的态度。

原以为，这样一个人大家都会对他敬而远之。事实却恰恰相反，他和所有的同事处得都不错，领导也总是包容他的“唱反调”。一般人如果提出反对意见，领导可能会不满，但偏偏对我这个朋友无所谓。大家最常说的一句话就是：“也只有他敢这么说了。”

在这里我们会看到，我这个朋友的性格没有改变，但他迫使其他人改变了对原有事物的看法。

当然，尊严来自实力，我这个朋友在业务上是毫不含糊的。他做事情的时候，能够充分表现出思路的缜密和手法的老练。

他平时总是骄傲地抬着自己的头，用“水鸭子”来形容他毫不过分。水鸭子在水中总是高高仰着头，一副骄傲的样子，这如同朋友本色的性格——不装。

然而，水鸭子会不会因此就停止前行了呢？实际上也没有，水鸭子的脚在水下拼命地划着。这是我朋友做事的方法：抬头做人，低头干活。

允许自己不帮别人

小林在工作中感觉不到快乐，虽然他经常帮助别人，然而，对同事尽心尽力的帮助，反而被别人当成了习惯。

他开始反思自己的性格，是不是应该改变？帮助别人究竟对不对？

其实，这个问题的根源不在于帮助别人对不对，而在于你究竟是个怎样的人。你是真的愿意帮别人，还是刻意做出来，刻意来改变自己，逼着自己帮别人的。

让我们先分析一下：小林帮助别人的动机是什么？

很多人常说帮助别人就能收获快乐，我不否认这种说法。从某种程度上来说，一个人有一锅米饭，在吃不完的情况下，帮助别人的确能够收获快乐。可是，如果一个人只有一碗米饭，自己吃完刚刚饱，但他主动拿出半碗米饭讨好别人，这样的“讨好”一定有所求——也许是为了得到别人的感激，也许是为了博得好人缘。

当一件事情你不想做的时候，就一定不要去做。一个人去做自己不喜欢做的事情，背后一定有他还没觉察出的目的。这个目的可能是同事给予的回报，也可能是同事给予的好口碑。

在有所求的情况下帮助别人，万一想要达到的目的达不到，你就会陷入全面崩盘。也就是说，如果你天生不是乐善好施的人，就一定不要装，自己心里流着泪的时候，你有自由不去施舍别人。

反之，如果你真的是愿意帮助别人的人，你会不大在乎结果怎么样，因为你就是这样的人，帮助别人就如同喝水、呼吸一样自然。你对同事的好，你也会忘掉，因为你从中收获了快乐。

工作中正是如此，当你不愿意帮助一个人的时候，不愿意就是不愿意，不必为了迎合大家，就把自己演成另外的一个人。

拿小林来说，工作的第一要务是检查本职工作的完成情况。自己工作能力强，在有余力的情况下帮助别人，收获经验，就不必抱怨同事不领情。反之，自己的工作没做好，还帮助别人，这是一种不负责任的做法，即使得到同事暂时的道谢，也不会得到同事发自内心的尊敬。况且，一般情况下，同事会感觉小林不够职业化、不成熟。

一个人不懂得尊重自己，就不会在帮助别人的时候诚心诚意。

别激发他人的强势

有人往往认为一定要和周围的人搞好关系，于是就通过示好、忍让来维系表面的和谐，殊不知，有时候你的忍让会刺激别人“变坏”。

小金是个性格温和的人，与她同部门的小慧是一个很强势的人。

她们两个人常在一起工作，小金认为小慧虽然强势，但是心地善良，于是不论有什么事情，小金都会忍让小慧。

小慧的问题变得越来越多了。慢慢地，小慧变成了小金的“领导”。

同在一个部门，每当小金被领导找去谈话的时候，小慧就会缠着小金问领导找她说什么了。开始的时候，小金还想含糊其辞，但是在小慧的逼问下，她不得不将领导说的话原封不动地告诉小慧。后来，小金发现自己居然有了一个向小慧汇报思想的习惯。每当有事，她就会主动向小慧汇报。

久而久之，小慧把小金吃得死死的。有一次，工作中出现了失误的时候，明明是小慧的错误，但是她却指责是小金没有及时提醒自己，并误导了自己。

小金一直觉得是小慧的错。后来部门重组，小慧和另外一个很难相处的同事搭档工作，小金本以为小慧一定会与新搭档发生摩擦，很难开展工作。但实际情况是，小慧和新同事非但没有矛盾，还把工作做得顺顺利利的。

这时，小慧才开始反思自己身上的问题。我们生活中的很多人，本来并非强势之人，是你的软弱激发了他的强势；本来并非无礼之人，是你的无原则刺激了他的无礼。

不断让自己增值

实在是一种资本

当我们的条件离别人很遥远的时候，我们要懂得给自己增加价值。

有钱的人要有自己的品德和操守，没钱的人要有自己的内在追求。

我们尊重自己的内心，我们想要更好的生活，我们想与成功人士交往，我们想要有优质的人脉，只是我们要学会思考自己应如何与那些翻手为云、覆手为雨的人物相匹敌，我们有没有那么一点点资格同他们坐在一起讨论事情。

如果我们能够给他们创造价值，哪怕只有一点点，我们也可以自信地坐到他们的对面；如果我们目前还不能为他们创造价值，但是根据我们的发展，我们未来可能给他们创造价值，我们也可以坐到他们的对面；如果我们现在和未来都不能为他们创造价值，那么，在有机会接触到对方的时候，“实在”是你唯一能给的价值。

对于那些已经很有成就的人来说，他们的生活中已经充斥了赞美，有无数人曾经把他们捧上天。当然，他们也曾经有可能被捧起来，又被摔下来，再被捧起来。总之，很多赞美和夸奖的话，对他们而言可能都是“正确的废话”。

他们真正想听的就是一些实在话，以及一些能够帮助他们变得更好的建设性的意见。

如果你在自己的工作领域里是一个专家，那么你会给他们带来一些新鲜的知识；如果你没有，就说你的实在话，这或许也能对他们产生一定的启发和冲击。

看得清，经得起折腾

人的价值如何提高？没有不劳而获的事，只能在“折腾”中完成。

例如，你的上级交给你一项工作任务，这项工作任务超越了你的工作能力，你感觉总是在他对你的挑剔和折腾中工作。

如果真的出现了这样的情况，恭喜你，你有可能正在被重视。坦白地讲，没有哪个领导一上班，就天天想怎么折腾员工，他也有自己的任务和目标，但是如果他折腾你，证明他看重你。有句话说得好："领导对哪些员工态度好？一定是那些不怎么重要的员工。"我们自己也是这样，对公司里那些和自己没有利益关系的人，一般都是笑脸相迎。

领导对哪些员工态度不好？一般是他对其有要求的员工，就像有的同事为什么能激怒你，也是因为你和他有利益关系，你们彼此有期待和要求。

如果你的领导总是分配一些有挑战性的工作给你，要你自己去摸索、给出答案，也许，他希望你能独立思考，培养自己解决问题的能力。他想把你变成一名不需要他在一旁督导，就可以独立作业的下属。

能遇到这样的领导，算是很幸运的事。尽管有些地方可能会让你感觉比较郁闷，但是想想看，与其与那些对你和颜悦色，却从来不给你机会的人在一起共事，还不如与这样的领导相处，在一次次的任务中磨砺自己，换得美好的前途。毕竟对于职场人来说，有工作不辛苦，没事干才痛苦。

懂得珍惜每一次折腾，你才能变得遇事心不慌。

当然，这其中也存在一定的方法。比如我刚工作的那几年，对领导突然派给我的从来没有做过的工作感觉很紧张，要么努力完成，要么努力去做也没有做好，常常感到受挫折。

后来，我终于找到一个好的方法来应对，并且也让自己从中得到了宝贵的经验，那就是，正确地向领导提出自己的要求。

例如，我从事的是策划工作，可是领导突然要我把公司的某一笔业务完成。这时，既不要拒绝领导，也不必立即埋头苦干，而是心平气和地向领导反馈："我很想做好这笔业务，因为业务与公司利润息息相关。为了稳妥起见，请领导派个业务高手适时来帮助我。"

领导马上派了个人过来，这时你会发现，领导委派的人来帮助你完成工作，和你通过私人关系找人请教问题完全不同。领导委派的人因为有了责任感和使命感，会更加无条件地帮你完成任务，让你迅速掌握一些基本技能。

久而久之，能力自然提升。

投资自己才一本万利

有的年轻人工作几年有了一定的积蓄，常常苦恼自己该怎么投资。

其实，无论月收入是两千元还是两万元，都要明白，投资自己才是一本万利的事情。

第一方面就是保证你的健康。

很多年轻人仗着年轻体力好，熬夜加班，通宵上网，用健康换财富，这不符合可持续发展的方向。你应该用钱养护和武装你的身体，可以考虑在健身、营养等方面进行投资，来保证你的身体一直好用，保证自己有灵活的大脑和充足的体力。

现在的你省吃俭用，节约下一笔笔钱，与其他花费掉这些钱的人来比，似乎没有什么区别，自己的身体也还很健康。但是用不到五年，这个区别就会显示出来。十年后产生的差异，可能花多少钱都追不回来。钱花在哪里，哪里就会有效果。

第二方面应该投资自己的头脑。

可以在读书和学习上持续投资，在增加了你的自信和知识积累之后，你的职业生涯也会因此而升级。

同样也用不了五年，你和那些从未做过这笔投资的人来比也会有很大的差距。而对于他们来说，再来追上你会变得很难，因为年轻时期是记忆力等重要能力的巅峰时期，你把握住了这个重要的时机。

第三方面应该对你的社交追加一点投资。

当你衣食无忧的时候，该和朋友吃饭、娱乐、旅游的时候，就去参加，不要做守财奴。当你花钱买到了很多体验和阅历的时候，有一天，你花这些钱所积攒的体验会让人看到你的价值。永远不要等有钱了才去好好对待别人，而是好好对待了别人，才能越来越有财运。不懂得这个顺序，就得不到回报更高的机会。

以上三个方面都是很重要的建议，经过了许多人的事实证明。这是一剂灵药，效果一经释放，长久有效！

每种性格都有优势

性格不是问题

一家公司里有两名业务员很特别，这两个人的性格非常不一样。

一个是女孩，她性格非常外向开朗，从她进公司的第一天起，大家都纷纷说这绝对是一个业务的好苗子。

另一个是男孩，他生性木讷，说话的时候都会脸红。作为一个男性，这样的内向让大家非常不看好。

因为性格的不同，两个人的工作方法也不一样。

这个女孩常常不在公司，她愿意往外跑，而且也喜欢和客户打交道。客户们也多次在公司的领导面前表示了对她的欣赏，因为她和客户接触不久之后，基本上就将客户的爱好、性格、经历牢记于心，说话和做事的时候自然能够投其所好。

再加上女孩本身又很活泼，有很多爱好，碰到喜欢聊电影的客户，女孩对电影能够侃侃而谈；碰到喜欢聊历史的客户，她对历史事件也能说出自己的几点看法。就这样，一来二去，女孩赢得了很多客户的赞赏和信任。

而那个男孩平时一般都在公司待着，他也会定期打电话、写邮件给客户。领导多次找他聊天，向他暗示应该多出去跑跑，可是男孩还是很木讷、迟钝，继续在公司里待着。直到季度总结，领导看到男孩的工作业绩，再也忍不住批评了他，而且还是很严厉地指责他，说简直不知道他天天都在干什么。

就算这样，男孩也没有说什么。有人说，不是看在他毕业于名校，早就不再给他机会，应该请他走人了。

没想到，当公司决意要让他离开的时候，一位潜在的大客户居然点名要和这个男孩谈一次业务。

这的确让人意想不到，这其中有这样一个故事：这位潜在客户最早就是男孩发现的，因为他长期关注这家公司的报道；他感觉有可行性，写了多封邮件，诚意拳拳，最终联系上了这家公司的负责人。

后来，男孩独立去谈事情，他本来一说话就脸红，表达能力又差，于是合作就中止了。当男孩汇报了这件事情之后，领导层觉得这毕竟是个大客户，于是就指派了一名老练的业务员来跟进。跟进效果并不怎么样，这位客户的事情就暂时搁置了。

谁也没有想到，后来客户竟然主动要约这个男孩谈，这让公司的人大跌眼镜。这次，男孩居然把这一笔业务谈成了，而且是独立操作，没有任何差错地、顺利地谈下了这一笔大业务。

客户说这小伙子一看就诚实，让人信赖，和公司派来的其他业务员相比，他最老实，他报的价，没有多少水分。想想看，一个说话都脸红的人，怎么会撒谎呢?

就这样，两个性格不同的人，都成功地完成了业绩。女孩靠的是灵活变通，男孩靠的是稳中求胜。这都是基于他们对自己性格的了解，制定出的合理策略。

每个人都应该认清自己性格中的优劣，利用自己性格中的闪光点，模拟出对方的心理感受，从而达到对他人心理的一种把握。

坏脾气和性格无关

有的人脾气差，总是把问题归到自己的性格上。有的人一出现问题，就向其他人大吼大叫，发完脾气之后，就把错误的行为归结到不好的性格上。例如，这样的借口："我的性格就是直来直去，有什么说什么，心里想什么就做什么……"

其实，坏情绪和性格无关，不是每一个直来直去的人，都会有这种伤害他人的外在表现。

每个人都有情绪低落的时候，觉得自己很可怜、很糟糕、很差劲、很倒霉，好像整个人都陷在生命的谷底，整个人都疲惫了……什么事情都不想做。谁都会遇到这样的情况，而且大概每几个月就会出现一次。即便如此，有些人过了几天后，很快就能找到轻松与平静，回到原有的状态之中。但是有些人却很难做到，他们在情绪的苦恼中挣扎，怎么也挣脱不出来，常常由于一时冲动而失去一份好工作、破坏一段好的关系等。

曾经听到过这样一个故事：

一家公司招聘一名操作技工，因为要操作精密仪器，所以招聘标准很高。

在层层选拔下，终于出现了两个优秀的人。这两个人无论是在学历背景还是在工作经验上都是合格的，公司一时难以抉择。

后来，有人出了这样一个主意，就是让两个人到最安静的一间会议室等消息。于是，这两个人就被请到了一间会议室。

半小时后，会议室的门被推开了，其中有个人烦躁地在屋里走来走去，而另一个人一直坐在那里，表情依然平静，安然而放松。看到两个人的表现，公司负责人终于做出了最后的决定，他们决定录用心态平稳、情绪良好的那个人。

原因很简单，操作精密仪器的人除了要掌握高超的技术外，还应具备良好的情绪控制能力，只有持久的情绪控制能力才能保证操作的精准与安全。

从这个故事中，我们可以看到，一个不能控制自己情绪的人，面对任何事情，打败自己的不是别人，而是自己。生活中，有多少突发事件需要处理，就有多少情绪需要控制，这是所有人都会面临的问题，而不是某一类性格要解决的问题。

没有人天生急躁

常常听到有的人说，我发脾气是因为我的性格天生急躁，控制不了。其实不然，没有人天生急躁，况且情绪的力量真的大到我们不能够控制吗？

其实，任何一种情绪不加控制，都会成为做不好事情的原因。当然，正因为这一点，情绪才往往成为不好好做事的借口。

例如：

“我今天对你态度不好，是因为我心情不好。”

“我把文件丢了，是因为和爱人吵了一架，心情不好。”

“我对客户发火了，是因为我控制不了愤怒。”

好像每一条理由都理直气壮，好像每一条理由都在说控制情绪是不可能的。

那么，请允许我举这样一个例子：你今天心情非常烦躁，但是你到了公司，发现你的大领导坐在你的工位上，你敢用像对普通同事一样的态度来对待他，请他马上离开你的工位吗？

可能你不敢直接这么说——无论你心里是否想这么说。

此时，就看出你对情绪的控制力了。

我们可以从两个层面来提升自己对情绪的控制能力：第一层是做到控制情绪，控制情绪产生的行为。就是在我们要发火的时候，提醒自己处于一定的社会关系中，会对自己的形象造成不好的影响；第二层是做到没有情绪，知道有情绪只能对事情产生负面影响，从而迅速回归平静，冷静地寻找到问题的解决之道。

敢真实地表达你自己

想出色要找准时机

小苏在一家广告公司做设计。他有这样的经历：工作了三个月，也整整郁闷了三个月。因为，虽然他单位的任务很多，但是接到任务后，要完成得很好，客户才愿意掏钱买下方案。

设计员们通常都要做出多个设计作品，然后由总监把大家最喜欢的作品拿给客户选择。当然，客户选择通过的，公司除了发底薪以外，还会再给设计员一部分设计费。可是，他工作了近三个月，居然一个作品都没有通过。

经过痛苦的思考，小苏还是觉得自己的创意总不会“全军覆没”，他在认真分析了自己设计的作品后，认定作品的细节和创意都是很不错的。

一个偶然的机会，他了解到了真实的情况。那就是：总监和另一家竞争公司私下的来往非常紧密，而且，总监私自把一些作品给压下来，然后悄悄地给另一家公司使用。

发现了这个情况，他既兴奋又苦恼：一方面他知道自己的作品是有市场的；另一方面，他又非常苦恼，虽然总监在私下利用自己的作品，但是凭总监和自己在公司的地位，他如果把这件事情告诉老总，老总也未必会相信他，反而会以为作品是他自己私下透露给竞争公司的。

后来，他开始找时机。终于有一天，公司接了一个很重要的客户的业务，总监要求当天下班之前交稿，但小苏知道这个客户第二天中午会亲自来到公司审核设计稿。于是，他就想了一个方法，那就是不再通过总监，而是直接把设计稿交给客户看。

第二天上班的时候，他看到老总亲自过来了，便准备迎接客户。于是，他装作闲谈的样子和老总说，自己的作品正好刚刚做好，希望能符合客户的要求。当时，正好老总没有什么事情，就要先看看作品设计稿。

看完设计稿，老总马上肯定了小苏的创意，因为老总毕竟懂设计，他知道这个东西应该是客户想要的。他马上把总监叫过来，总监看了后也说："不错啊，这一次是超水平发挥。"

小苏马上开玩笑说："以前的作品也丝毫不逊于现在的作品呀。"听完这句话，老总便留了心，让总监把以前的作品拿过来。老总看完所有作品后，没动声色。一个月后，总监离职。

利用非正式场合

每个人都不能保证自己的周围都是好人。工作中，如果遇到一些心存恶意的人，应怎么面对呢？

要冷静地分析别人为什么这样说，是不是自己在平时的工作中太自以为是而忽略了别人的感受？先冷静反省一下，做到有则改之，无则加勉，尽量和周围的人保持良好的关系。

还要用非正式场合的“举报”出奇制胜，把他人的恶意唬住。

小张在工作中经历过这样的情况，一个同事总是很恶意地在领导面前生事。有一次，小张和这个同事还有部门领导一起吃饭的时候，小张就当着领导的面说：“老李，你有时候不厚道呀，我总说你好话，你怎么老看我不顺眼？上次我都不记得新来的同事叫什么名字，你还说我袒护她。”

饭桌上，老李没像以往那样反唇相讥，还笑着说：“我都是开玩笑的，你别当真。”

领导当然明白了。其实，一些行为不端的人是怕被揭发的，尤其在领导面前。这招很管用，以后小人会对你收敛许多。

在生活与工作中，都要学会表达自己，不要去管你所要表达的内容是对方知道的，还是不屑的，甚至是怀疑的，你就自己吓自己，以为会被对方拒绝、看不起。

只要你觉得你将要陈述的事情和表达的观点能够维护自己，就一定要大胆地说出来，因为只有表达出来了，才能让别人了解你，你才能为自己争取机会。

当然，在你有了很强的实力和背景之后，就更能够从容应对了。

用记录做表达

年轻人小磊是公司里的销售主力，他最大的特点是为人低调，做事高调，但他总是没有办法很好地表达自己。

他凡事都能轻松搞定，人人都以为是他运气好，却忽视了他在每一件事情上的努力。

老板很欣赏他，给他下了一单任务，让他去攻克一个大客户，并给他派了一个搭档明明，说是跑腿之类的杂事就交给明明去做。小磊对人向来比较厚道，对明明也未存什么戒备之心，还带着他一起拜访客户、一起讨论方案、一起请大客户吃饭聊业务。事情发展得非常顺利，不到两个月的时间，大客户就签约了。

当然，这与小磊几年来在业内积累的口碑有关，大客户认识的好几个朋友都是小磊的客户。就这样，签约后的两个人非常高兴地回到了公司。

令小磊万万没想到的是，明明回公司之后就去找老板汇报这件事情了。而且，明明还把攻克大客户的过程做了个书面材料递交上去。看到明明的书面材料，老板认为工作中应该把勤奋和认真看作第一位，而对轻松搞定一切的人不是太提倡。就这样，老板在提成制度的分割上以明明为主。

这让小磊很恼火，他这才意识到，不仅要会做，而且还要会记录，多将自己的工作用书面化的方法记录下来，让老板知道自己有多么辛苦，拿单子有多么不易。

小处不当，自贬身价

该严肃的场合别豪迈

有这么一句话：“无能之人输在懒，有能之人输在傲。”

与其他人接触的时候，一个有能力的人很容易就能感觉到自己的优势。如何看待这样的优势，会影响自己和他人相处的关系。无论我们有多强、多厉害，我们在与别人的相处过程中一定要记住一点：看场合，尊重别人的习惯。

不要因为自己的位置而看轻了别人，毕竟这是一个挑战重重的世界，没有任何人敢说自己业内第一，即使今天是，也只能说暂时是。

我的一个熟人托我找一位朋友商量事情，让我帮他把这位朋友约出来，一起吃个饭。熟人还问我他找的地方怎么样，我一看他选的地址，就说“很不错的地方，有诚意”。熟人很高兴。

可是没想到，就是吃了这一次饭，熟人说了一些不合适的话，让朋友感觉此人轻浮，不想再打交道了。

没进入酒店之前，朋友心里是打算做这单生意的，不然就不会答应见面了。

吃饭的时候，熟人开了一瓶好酒。开酒之前，朋友就说："大家不是外人，不要客气，我今天开车来的，不能喝酒。"

"熟人"还是出于礼貌开了这瓶好酒，并且说："没关系，今晚让我的司机送您回去。"

朋友的确有很严重的胃病，只好强忍着喝了一杯。没想到，"熟人"开始炫耀自己的酒量，炫耀当年如何靠能喝拉到了很多关系，做成了很多事情。

朋友碍于脸面，也附和着。但是，"熟人"给朋友倒第二杯酒的时候，他说了一句："在我们老家，会喝酒的男人才叫男人，不喝酒的男人不叫男人。"

听完这句话，朋友勉为其难喝掉了第二杯高度白酒。没想到倒第三杯的时候，对方又说了一句同样的话。

朋友的胃早已隐隐作痛，这顿饭吃得很不愉快。并且，朋友最想谈的生意上的事没有谈，他听到的话都是对方夸自己如何能喝的"本事"。

这种轻浮的态度让朋友很不愉快。他觉得对方说话没有节制，不尊重自己，会影响后期的合作。

这提醒我们，别人没有义务立即了解你在工作中的做事方式有多么靠谱，但是吃饭时的不靠谱，却会让人联想到你在工作时照样自大自满不靠谱。

尊重自己的职业

有个朋友是一家公司的销售顾问，他想出的点子有时让人大吃一惊，有时让人觉得出其不意。一次，他承接了一项业务，直白地说，就是教别人如何推销灯具。

没有出谋划策之前，他先咨询了公司业务员的业务流程。他看到，业务员们销售灯具的时候，通常是带一个大大的纸箱子，然后用废报纸塞好箱子里的空隙，直接去拜访客户。

朋友看完流程之后，什么都没有说。

第二天，他召集所有的业务员开会，然后向大家展示了他的作品。

只见一个模具盒子出现在大家面前。打开盒子后，大家看到灯具在一个塑好形状的塑料泡沫里安静地躺着，顿时感觉高档了好多。

最后，朋友向大家展示了他的标准操作。在拿出灯具之前，他拿起灯具里准备好的一副白手套，伸出手，认真地戴上手套，显得十分真诚。然后，他用戴着白手套的手将灯具托出来，向大家展示灯具的特色。

所有的业务员都深深地被他折服。他说："任何客户伸出手拿灯具观看的时候，不论客户多有钱，你一定要说：'先生，请戴上我为您准备的手套。'"

在这个案例中，一切的展示都显得训练有素，并让人对产品产生了一种欣赏的态度。这是一种技法，也是一种本质上对自己产品的尊重，因而也赢得了人心。

别贪恋免费的午餐

每个人都有机会接触到一些专业人士。如果有机会认识，应当交换名片，给彼此留个好印象。这个过程中，要注意自己的言行，宁愿不留印象，也不要留下糟糕的印象。

我曾和一位心理咨询师朋友在一次聚会上遇到一位女士。当时，我们正在聊天，在场的某一位女士，听说朋友是心理咨询师就走过来了，开始和朋友搭讪。

朋友是一个涵养非常好的人，面对殷勤的女士提出的问题一直都耐心回答。

可是这位女士似乎越来越有兴趣了，她完全忽视了我的存在，问题越来越多。这时候，我发现朋友的态度有点不耐烦了，因为我了解这位朋友，他不耐烦的表现通常不是冷言冷语地面对别人，而是态度变得沉默。朋友越来越沉默，即便这样，这位女士似乎还是很有兴致。

直到最后，朋友的话越来越少，朋友回答的字数都少到个位数的时候，这位女士居然还纠缠着不放。

朋友终于失去了耐性，冷静地说："您如果还想做更多的咨询，请联系我的助理，让她告知您咨询费的情况，预约上门咨询吧。"

听完这句话，这位女士才连忙点头离开了。

生活中，每个人对自己的生活或多或少都会有一些疑问，当他遇到专业人士，例如律师、职业规划师、心理咨询师等难免会有点兴奋。但是不要在第一次见面的时候，就迫不及待地向他人咨询，尤其是对方的工作很明显属于那种可以收咨询费的工作。如果过多地询问专业上的建议，就会让人感觉是在趁机占便宜，给人一种不礼貌、没分寸的感觉，会招来对方的不屑。

更何况在聚会的场合，多数人抱着放松心情以及交际的目的而来，忽然感觉自己还要有工作上的心态，难免会破坏掉原来的心情，而这个人也会给人留下不识趣的印象。

合理的方法是互留名片，并且约定时间专程登门求教。你所表现出来的尊重专业的态度，必能让对方对你留下很好的印象，提供的服务也会非常周到。

总之，人们在最初相处的时候，该花的力气要花，该付出的时间和金钱要付出，这样才能留有一份好感。这份好感将是你日后为人处世最有效和积极的影响力，也是后期与他人形成友谊的基础。

不能急功近利，如果你引起了对方的反感，那么你在这之前所做的努力就都白费了，不管你的出发点有多好。

你的眼光决定你是谁

往前再看一步

给领导当助理，这个工作一点都不简单。你的领导并不在乎你有多优秀、多出色，对他来说，他不需要天才，他只需要一些肯干、踏实的人。有的时候不能太较真，要看你能把事情想到第几步，做到第几步。

在我认识的人中，我就曾接触过一些做领导的朋友，他们助理的工资简直会让人大吃一惊。

讲一下其中一名助理小王的故事：

小王刚大学毕业就给李总当助理，她做事非常体贴到位。李总第一次注意到她，是因为有一次，小王进办公室问李总有没有签署一份文件。李总当时走神了，就很随便地打发小王说："我从来没看见过这份文件。"

小王"哦"了一声后什么都没有说。她立即走回工位，在电脑上找出文件，重新打印了一份，再次让李总签字。

后来，李总在自己的公文包中发现了这份文件。想起小王做事的态度，李总就对小王格外留心。

有一次，有份工作报告，他让小王做一下试试看。小王做得很用心，她找了很多人，问了很多方法，虽然做起来很费劲，但这个女孩没有投机取巧，终于做好了报告。

当她做好报告交给李总的时候，李总扫了一眼，说了几句："花架子是有了，但是这个报告最需要的是数字，数字才是这份报告最核心也最难的部分。这部分内容虽然你不懂，但是你还需要把数字总结上来，然后试着分析一下。"

李总是个很严肃的人，后期这个报告还是交给了其他人来做。在一般人看来，自己额外付出了劳动，写了报告，还得不到领导的赏识，肯定以后再也不会干这种"出力不讨好"的事情了。

可是令李总万万没有想到的是，小王居然利用业余时间报学习班，去学习了三个多月的会计学知识，仅仅是因为她知道自己本科学的是中文，欠缺一些数字方面的知识。

后来，李总再让小王做分析报告的时候，明显能够看到这个丫头做出来的东西非常有章法。到后来，甚至一些重要的项目，他也让小王来做，小王的工资当然也水涨船高，超过了助理级别的待遇。

你的努力，千万不要担心没有人看到。去做每一件你从未尝试的事情，都可能为你增加想法和价值。

让自己长线发展

当你年轻、没有许多社会资源的时候，不要灰心，记住，你就是自己最宝贵的资源！你所做的每件事里都藏有机会。

小程从事IT工作。原本他在一家不出名的小公司工作，为一些大客户服务。

有家大公司要完成一个项目，其中有个环节耗时耗力，于是就外包给了这家小公司。

在领导的任命下，小程和其他两个伙伴成立了三人项目组，到大公司进行服务。坦白地讲，这不是个轻松的活儿，小程的收入并不高，而且大公司的要求又很严格。每当出现小问题的时候，都是小程跑在前面替客户解决问题。最让人感到辛苦的是，大公司的某位领导通过一个聊天的机会，对他们三人旁敲侧击地说明，如果三个人的手机能随时处在开机的状态就好了，因为随时有需要，希望能够找到人。

其他两个人听出这个意思后，马上沉下了脸，而且每次一到下班时间，就故意把手机关掉。两人对小程说：“他们有什么权力来安排我们的工作？虽然他们给了一大笔钱，但是钱是给我们公司的，又没落到我们个人头上。凭什么呀？我们不用管他，下班咱就关机。”

小程是个很忠厚的人，他也明白下了班自己没有义务再来服务了。可是有一天下班后，他看到来电显示是大公司的时候，还是接听了电话。听说有问题的时候，他马上赶了过去。没想到，两个搭档都没有过来，于是，小程就一个人熬了一晚，解决了问题。

这让大公司的这位领导非常满意，在解决完问题之后，他就要给小程塞一小笔感谢费。小程克制住了内心小小的欲望，没有收这笔钱。

辛辛苦苦地把这个项目做完，小程和其余两个同事都回到了自己的公司。突然有一天，小程接到了一个电话，原来大公司的领导对小程的印象非常好。从商业操作的角度来说，大公司的领导想，与其经常花费大量资金外包这部分业务给其他公司，不如在自己公司成立这样一个小部门专门做这件事。成立这个部门就需要一个可靠的人来做事，他第一个想到的就是小程。

后来，小程顺利办理了离职手续，大公司的那位领导留给他的位置是一个新部门的管理者，收入也比在以前的公司提高了两倍。

看他人不可坐井观天

圈子不同，不必强融，但是即便在一个圈子里，也不要因为个人目光短浅，导致信息闭塞、坐井观天。

孙先生带领一个销售团队，他感觉自己的领导能力很强，大部分情况下，团队还是能够上下一心、全力以赴地做事和高效地解决问题的。

唯一让孙先生有点头疼的是下属小杨，小杨常常与他唱反调。例如，当孙先生看到行业中其他竞争对手搞起一些火热的促销活动的时候，他也准备模仿，来大干一场。给大家开会的时候，小杨跳出来质疑道："为什么别人这么做，我们也要这么做，我们的资金背景和他们一样吗？"

再比如，有时候孙先生要采取一些措施，愿意引用古训，小杨也会提出质疑，他会问："在一定的历史环境下，这句话是对的，现在环境不一样了，我们应该谨慎……"

久而久之，这个总唱反调的小杨让孙先生非常不高兴。后来，孙先生找到一个合理的机会，就把小杨调去了其他部门。

小杨被调走后，第一个月，孙先生感觉如释重负，可没过多久，他反而觉得有点失落。

他宣布一件事情的时候，再也没有人质疑，也没有人从不同的角度给他提供思路了。孙先生这才感觉到，最安全的氛围往往最危险，那些抬杠的人未必就是捣乱的人。

对于共同做事的人来说，不能随意偏好使用哪类人，而疏远哪类人。

不同性格的人有不同的用法，一名抬杠的下属，可能会让你思考问题时更全面、理性。

生活中，我们也应当尽量降低自己个人的好恶，要学会与不同类型的人进行商业合作。

你说的话带你到哪里

从内心理解对方

一位年轻人和老板有矛盾，总是感觉老板在莫名地针对他。我说你可以和老板沟通一次，问一下老板："您觉得我的工作还有哪些方面可以改进呢……"

年轻人悄悄地说了一句："这也太假了吧。"

我奇怪为什么他会感觉假，是因为他只知道方法，并没有去领悟方法后面的意义。

比如，当一个人感觉领导总是分配下来很多工作的时候，我的建议是这样对领导说："您看，您布置的工作每一件我都想完成好，只是时间有限，哪一件最重要，让我能够先处理呢？"

我提醒年轻人可以这样与老板沟通，是因为我真的相信年轻人本来想把每一件事情都做好，只是难以分出优先级才会出现这样的苦恼。

但他认为："老板一次性分三个工作下来，他根本就是在为难我。我还这么表忠心，我感觉不自然。"

我才知道问题出在哪里，我和他的观念是完全不同的。在我看来，一位领导的工作是非常繁重的，他每天要处理很多事情，很难会想到故意去为难员工。

不要总想着别人在针对自己，总有些道理，要靠自己慢慢悟出来；总有一些话，如果你发自内心地说，即使是场面话也能打动对方。

和顺的话让事态和顺

会说话并不意味着就会高超地表达。能学会高超的表达技巧，你就营造了最好的处境。

很久以前，我在一个小部门里工作。那时工资不高，但是我和同事们都感觉工作非常快乐。

还记得这么一件事情，单位新来了一个实习生小宇。小宇第一次参加工作，很紧张。在工作流程方面，小宇不得其法，在大错小错不断的日子里，小宇最怕的事就是领导找他谈话。

一天早上上班的时候，我的搭档李哥说："小宇胆子太小了，等他来了，我们吓唬吓唬他，让他接受一下锻炼。”

说完，小宇就走进来了。李哥故意板着脸说：“小宇，陈主管找你呢。”

说完，正巧电话响了，李哥就去接了个电话。

小宇兴高采烈的脸色立即变了，他放下包，急急忙忙地跑向陈主管的办公室。

等接完电话，我告诉李哥小宇当真了，脸色很难看，李哥也有点后悔恶作剧搞大了。

陈主管看到小宇急急忙忙地进来，也很奇怪。

小宇说：“李哥说您找我有事儿。”

陈主管一顿，随即明白了这只是一个恶作剧，他笑着说：“小宇，你进入公司以来工作很努力，虽然有些小错误，但是工作中出现错误不可怕，这证明你一直在做事，一直在学习。你可以做一份工作笔记，多记录、多总结、多思考，就会改善状况。”

小宇听后，很高兴地回来了。看着小宇若无其事的样子，李哥尴尬的脸色得到了缓和。

此后，小宇还真的开始动手做工作笔记，成长的速度也快了很多。

这件事情让我想到了很多，也让我对陈主管多了几分敬慕。

想想看，如果我是陈主管，看到冲进来的小宇，我可能会说："我没有找你。"或者批评一下手下恶作剧的行为。这样的做法，有什么样的后果呢？可能会造成小宇的困扰，也会让李哥非常尴尬。

但是陈主管明白是怎么回事之后，没有否认，而是顺应了事态，还借这个时机激励了小宇，帮助维护了同事间和谐的关系。这也证明了他做事的水准，能够在每一个细节上带领大家营造办公室的和顺之境。

这就是不同语言带来的不同结果，也体现了不同的人在思维上的差距。

一句话怎么表达，全看这句话要带领我们的思维到哪里，带领一件事情走向何处。

越否定越虚弱

你在和别人沟通的时候，会经常否定别人的理解和判断吗？

生活中，我们会遇到这样的人，当我们试图理解他们的时候，他们总会说："不是这样的……"

很少有人喜欢接触这种类型的人。他们把否定当习惯，让人无所适从。

一家公司需要招聘一个软件工程师。来了一个应聘者，技术方面令大家很满意，可是就在面试的时候，面试官非常不舒服，坚决投了反对票。

他问面试者："你大学学的是计算机吗？"

他说："不是，我不靠大学里学的东西生活。"

面试官接着问："那你就是自学这门技术的，是吗？"

他说："不是，我学的东西是经过有关部门考核的。"

面试官想结束这个话题，就说："你大部分知识靠自己摸索，后来通过了软件工程师认证，是这样的吗？"

他说："不是，也不能说全是靠自己摸索，我也向很多计算机人才学习过。知识的构成是多元的，我认为自己既有计算机专业学生的知识量，同时也具备很好的实战经验。"

面试官说："那如果交给你一项开发的任务，你应该可以独当一面吧？"

他说："也不能这样说，开发过程中会遇到很多问题，还是需要大家的配合，不能单靠我一个人……"

面试官的判断一而再，再而三被否定的时候，他对眼前的求职者已无话可说，就果断放弃了这名求职者。

对面试官而言，当时问的第一句话只不过是为了放松氛围，随意聊聊。既然面试者的技术已经过关，不论他是大学里学的计算机专业，具备扎实的理论基础，还是后来自学成才，具备很强的开发经验，他都会被安置到一个合理的位置上。

令人难以接受的是，不论别人说什么，面试者都说“不”，他怕别人给他定义，而自己又不能很好地概括自己的能力。

否定太多，只能证明此人内心虚弱，不堪一击。这样的人，将来在工作上出现失误的时候，很有可能习惯性地推卸责任。

技术能力平平，可以再学习，可是心理不健康或者人品有问题，就坚决不能录用了。

我们不妨审视一下自己与别人对话时，否定的成分有多少，那些否定的语句是否暴露了自己的某种问题。

第二章

把适合你的好圈子维护好

身边的人是资源

向你在乎的人示好

最聪明的“笨拙”

创造价值赢来平等

让周围一切有价值

用肯定消灭他人的抵触

圆融之道不伤人

处理好信息才能处理好关系

有效沟通就要解决问题

身边的人是资源

建立人群关系

一个人在周围的人群关系中，要展现自己的个人魅力，这种个人魅力要亲和力与震慑力并存。

要做到这一点，须注意两个方面的内容。一方面是要建立自己的形象，没必要让别人无端看轻自己，传递一种坚强、刚性的符号，这个符号会让你具备一种威力。

例如，当你在戒烟的时候，别人都知道。大家觉得这一定很不好受，很多人可能就会和你聊“不好受吧”。如果你说“没事，一点感觉没有”，这就显得很假。

但是如果你说：“太难受了，这个滋味简直就不可忍受……”你传达的就是一种软弱的形象。

其实不论你说什么，滋味都是不好受的，你不妨说：“是不好受，但还是可以忍受的。”这样的态度，会让你在别人的印象里加分。

另一方面，威力不等于没有人情味。常常看到一些人，自以为自己很有威力，比如有一些领导总是头抬得特别高，与别人沟通的时候，从来不看别人的眼睛，这样的态度是非常不好的。

有些人以为自己权力大，认为别人走路绕着他走，是怕他。其实不是，大家只是烦他而已。

有一次，我接触到一位年轻人，他说起自己常常遭人妒忌。我就问他具体是哪一方面被人妒忌，他说因为自己良好的逻辑思考能力，很多人是不具备的，所以会妒忌他。就在我还在迟疑、没有想清楚的时候，他接着说："我向来是一个辩论高手，我看问题很深刻，别人和我辩论，我很容易找出他思维里的漏洞，抓住这个问题一追到底。有一次，我和一个同事谈论我们领导的一个方案，我至少说了三个这个方案不可能实施的漏洞……"

在这里，我不得不说，有的时候，战胜别人你就输了。一个真正有大智慧的人，并不是一定要赢别人，而是在能赢的时候放别人一马。既点到问题，又能柔和地引导别人改进，把发现错误的机会留给对方。

别无度索取

人是流动的资源，流动中要体会对方的感受。

你有一个非常好的朋友，你需要钱的时候，对方毫不犹豫地借给了你一万元。后来，你还了钱，内心还有满满的感动。

有一天，这个朋友向你借钱，你当然毫不犹豫地借给他一万元，他带着钱走了。后来，他又找你借一万元，你又借给他了。接着，不多久，他又找你借一万元，你还是借了。最后，朋友又一次来借钱，你还会借吗？

你不借了，因为你感觉你的人情还完了。

人脉账户也正是如此，每个人回馈的次数都是有限的，如果你从一个重要的人物那里频繁地支取资源，超过了一定界限，等积累到某一次的时候，你就没有机会了。

尤其向这三类人索取帮助时，应该更为谨慎。

第一类，个人成就极高。

这类人由于拥有丰富的社会资源，一切在他周围接触到他的人对于他的身份和能力都是敏感的。这时，他也会敏感于自己的地位，会在和人的接触中对他人的利用保持敏感状态。

这类人也常常为人情所累，他们最盼望的就是享受自己能力带来的一切，又不必被声名所累。所以，不能轻易打扰他们，即使他们是你的亲友。除非在非常必要的情况下，你提出合理要求，那时，他会顾念你从未提要求的良好秉性，在你为难的时候帮你一次。

第二类，在资源上，你不具备同等交换能力的人。

当别人给你一个西瓜，你只能回报一粒芝麻的时候，不要利用人脉，因为人都是期待同等价值回报的。尤其当不是你本人的需要，可能是你认识的一些人需要你去找这类人帮忙时，就需要相当谨慎，不要盲目向这类人索取。

有些人的性格属于外圆内方，当你打扰到他的时候，他表面不会表现出特别不耐烦，但是内心会产生反感。你让别人“勉为其难”的次数多了，可能在你遇到最需要他帮忙的时候，他会趁机把不满一次性地体现出来。

第三，从来不麻烦你的人。

从来不麻烦别人的人，这类人的内心渴望与他人的关系是有距离的。对于这样的人，距离就是安全，不到万不得已也不要去打破这类人的原则。如果你总是从他们那里索取，违背他们与人相处的准则，不但会引起他们极大的不满，还会招致恶意。

所以，使用人脉要适度，当你的A朋友需要你的B朋友帮忙的时候，要先衡量A与B他们之间的交换是否平等。如果不平等，就向A表明自己的立场，请A自己想办法与B洽谈。

内向的人也有空间

对于内向的人来说，与人交往是一件有压力的事情。越是如此，内向的人越应该精简社交的数量，提高质量。

精简社交数量是对内向的人的一种保护和调整，内向的人享受和自己相处的时光。实际上，把自己的生活塞满交际的人，容易迷失自己。

交往的人太多，不见得是好事儿，不是你接触的所有人都会发展成比较稳定的社会关系。如果你把每个接触的人都记住，都发展成稳定密切的人际关系，你会觉得特别辛苦，身心俱疲。

接触到一个人的时候，如果那时候你很需要帮忙，或者他给你的感觉很好，才可以继续保持一些联系。逢人就交往，就套近乎，这恰恰是不成熟的表现，因为你这样做时并没有清楚地知道别人有没有与人交往的需要。

交往也意味着你要占用别人的时间。当然，别人也要占用你的时间，你需要用时间来接触、了解他，还要有很多共同走过的时间来体会这段交往。所以，要精简数量，提高质量，因为你分享的是自己的生命。

内向的人要学会在短时间内关注少的人，提高交际的质量，这也有利于形成自己的圈子。不必东奔西走地交际，而要找准精确的目标。

当找准目标，参加目的性强的活动时，要学会全力以赴，还要加深这种交往，让关系变得坚固、紧密、可靠。

最后，还要注意的是包容活跃的人，即使是那些与自己性格完全不同的人，不能共事并不意味着不能彼此欣赏。

向你在乎的人示好

示好是门技术活

如何恰当地向值得付出的人表示你的善意?

一件小礼物，恰到其时就是恰到好处。

所谓“千里送鹅毛，礼轻情意重”，轻的鹅毛因为千里送来而加重了分量。

把一份礼物选好、送好，最好是能送上别人需要的东西，你会有意想不到的收获。

业务员小张接到客户的电话，原来客户临时要去趟泰国，需要用一下小张的车。因为两人比较熟络，小张毫不犹豫地就答应了。

根据小张对客户的了解，这个客户是第一次去泰国，而且客户不是个细心的人，于是在开车去接客户的途中，小张买了些小物件。送客户到达机场后，小张取出了一个小包让客户带上，客户没多说，拿着东西就匆匆登机了。

后来，当客户从泰国回来的时候，第一个要见的人居然就是小张。原来小张给客户带的东西是风油精、氟哌酸、创可贴等外出旅行的必备物品。在关键的时候，就是这些小物品帮了客户的大忙，因此，小张成了客户眼中的救星。

他们的关系直线上升，顿时由普通的熟人变成可以进一步加深的关系。

给别人更远的梦想

还有一种情况，你可以不选择对方需要的东西，但是这需要你有超前的眼光，引导对方的需要。

我有一位女性朋友，她特别擅长处理自己和女下属的关系。

她有一名非常能干的女下属，从大学毕业后给她做助理开始，到现在已经完全可以独当一面，做了公司一个部门的主管。

无意中，这名女助理讲起了她和我这位朋友之间发生的一件事情。

女助理刚大学毕业的时候，就因为专业对口、成绩优异来到这里实习。因为她的老家在偏远的小镇，读大学的时候和大城市的同学在一起她就很自卑，因此性格很内向。因为她的穿着没品位，大家逛街的时候从不带她。

她第一天来公司的时候穿了一条过时的红裙子，公司的女同事看到了，都没有说什么，却与她有了一定的距离。

内心敏感的她是有触动的，她想实习一结束，领了工资就走人，以后也不来这家公司工作了。

没想到的是，临走的时候，她的女领导居然单独送了她一份实习礼物。

这份礼物是一瓶非常名贵的香水，价格超过了她一个星期的实习工资。她的女领导说："我不想对你说那些大套话，实实在在地讲，在这个社会上生存，不但男人需要光环，女人也需要光环。只要你努力工作，有了光环的你就会有魅力。这瓶香水就应该属于你，将来你也会成为所有人眼中的白天鹅。"

这番话让女助理记了一辈子，也因为这一点，她还是回到了这家公司，忠心耿耿地跟随女领导，将事业发展起来。

更有意思的是，如今的她当然买得起名贵香水，但是她说，她永远都不会忘记的一件事是，人生中用的第一瓶名贵香水是谁送的！

讲到这里，想一想，你能让别人记起什么呢？

让别人记住你的好

送对方礼物当然是不希望被对方遗忘，希望情感的互动更长久。

当你没有那么好的礼物可以选择的时候，就不妨增加礼物之间的关联性。

例如，你第一次送的礼物是茶具，那么下一次你可以选择和此相关的礼物，比如茶叶，再下一次还可以围绕茶的主题，送精致的茶点，等等。

通过这么强的关联性，你的礼物也具备了一定的特色，当对方一喝茶的时候，就容易想到你周到、连贯的服务。

当你的礼物和对方发生关联的时候，送礼就送到了对方心坎上，交往就不再是建立在两个人的地位或权力上的，而是基于相互的尊重与关心，这会带来关键性的转变。

以上列举了不同的方法，在最后要提醒大家的一点是，送礼要送得好，就不能临时抱佛脚。据我的观察，凡是有生活乐趣的人，在挑选礼物和送礼物的时候总能给人以惊喜。这就提醒大家，不但要在繁忙的日子里生存，还要不忘记生活。

只有不断发现生活中的新乐趣，并且与周围人分享并感染他们，才能懂生活。如果一个人一直能发现生活中的乐趣，例如找到新的茶楼或咖啡馆，旅游，读到好书，认识新朋友，就能让生活一直有新鲜感。不断提升自己，交际能力也会随之增强。

最聪明的“笨拙”

聪明造成的困境

聪明人因为太聪明，容易耍聪明。耍聪明是什么意思呢？柏杨曾这样说：“聪明到被卖到屠宰场的时候，还拼命讲价钱，多赚了五元钱，就心花怒放。”

“丢了西瓜捡芝麻”是聪明人容易犯的错误。他们思维敏锐，才会看到常人看不到的“芝麻”，有了选择，因此更容易烦恼。正如大家熟知的《西游记》，我们从中可以看到最大的问题并非是要不要往上爬，而是如何抵御诱惑。许多人不是没有机会，而是机会太多，不晓得如何选择。大小妖精如果不是那么善于打探消息，就不会有灭顶之灾，正是因为知道吃了唐僧肉便可以长生不老，所以才难逃厄运。

老子曾说：“知者不言，言者不知。”

李智是个非常精明的员工，由于观察力强，他经常能提前想到领导的想法，大家很佩服他。

于是，他更加愿意揣摩领导的心思。开始时，领导似乎很认可，夸他脑子转得快、有眼力。可后来他自鸣得意，经常与身边的同事交流领导的想法，分析领导做一个决策后的真实意图是什么。

渐渐地，领导对他变得冷淡，不但不再夸奖他，而且经常挑他的刺儿。过了没多久，他就被领导随便找了个理由，打发到一个“空闲”的职位上去了。

从这里我们可以看到，聪明人一卖弄、一耍聪明，就容易摔跤。

拿李智的领导来说，与下属保持一定的距离和神秘感，可以让他们摸不清自己的底细。如果一举一动都被李智看得一清二楚，就像身边多了部X光机，令自己无所遁形，那种感觉就像天天在李智面前“裸奔”。

想既安全又聪明，那么可以看，却不可以说，不仅要学会谨言慎行，还要适当装“傻”。在职场中，对于领导不想要别人知道的事情，自己就算知道也要假装不知。

有意义的笨拙

聪明人向来不屑于做“无用功”。

“学习”由两个字组成，“学”是模仿，“习”是练习。聪明人总是模仿快，却对练习不耐烦。对练习不耐烦的人，也往往没有耐心做事、做人。

给大家讲个故事：有个老艺人，他拥有这样一门技艺，就是用两只手玩三只球，有时候还不止三只球。

有人想拜他为师，老艺人考验这些人的方法很简单，他让这些人用沙袋练习这门技术，沙袋有一个好处，就是放在地上它不会滚走。来跟他学艺的人，前几天学习的内容都是把这个沙袋拿起来扔地上捡起，拿起来扔地上再捡起……

很多人在这个学习过程中都放弃了，有人觉得老艺人是强人所难，就问他为什么折磨前来学习的人。

老艺人悠悠地说：“练球的时候最要命的是什么？是只想练球，不想捡球，觉得球掉在地上是个偶然的事情，很烦，不愿意去捡那个球。想跟我学这门技术的人，就是要在自己一天捡一千次、两千次沙袋的时候，慢慢转变观念。如果有一天，一个人能够懂得学这门技术，捡沙袋是必须要做的事情之一，进入这种心境的时候，他才是我的徒弟。因为那时他的心就会静下来，这些‘无用功’也就没有白费。”

耐心，是聪明人最需要完善的事情。拿工作来说，很多程序全是靠熟练，工作要讲效率，同样一个活，别人干一星期，你干两天，那你给企业创造的价值就多。日久天长，你拿的薪水自然就多。那你靠什么就干两天呢？靠熟练。熟练就是“习”来的，或者说得更直接一点，是时间堆出来的。

若能认真做好必要的“无用功”，有一天，你的职业发展会出现令你意想不到的惊喜。

求发展，不求小欢喜

很多人常常问我这样的问题：“老实人是不是天生要吃亏？”“一个人不会耍聪明，是不是总得不到好处呢？”

多数人的疑问都是在职场的背景下。

我接触过很多企业高管，也多次聊到这个话题。给大家举个简单的例子，算是我对于这些问题的解答。

朋友手下有两个性格差异很大的员工，姑且称他俩一个叫小聪，一个叫小实。

小聪一进单位就表现得十分精明能干，很快就和大家打成了一片。和他相比，小实做什么都是慢热型。

做事的时候，小聪总是让领导挑不出什么毛病，而小实却总是被批评。

例如朋友同时给两人安排工作。每当询问工作进程的时候，小聪的回答总是“马上好”，实际离“马上”远得很。问小实，他总是说：“刚做好一件，还有两件没开展呢。”朋友一听，当然就会对小实的答案不满意。

朋友总是安排小实做很多事情，一到提拔或奖励什么的，却总是给那个少做事的小聪。大家就说：“总是爱讨好领导的人得到实惠。”

我曾想和朋友聊聊这个问题，但总是因为太忙而搁置，可是当我下次去朋友公司的时候得到新消息，小实已经顺利晋升，而小聪还在原地踏步。

这让我更加费解，找到朋友问其原因。朋友讳莫如深，简单的几句话还是点出情由：“我总是表扬那个小聪明的人，他们不就喜欢表扬和多发点奖金吗？为了鼓励他们做事，那就满足他们，而我的信任给那些‘笨人’，他们才让人放心啊！”

追求短期利益和长期效益的方式是不同的，而有智慧的人向来不争一日之短长。

创造价值赢来平等

把弱气场变强

我在朋友圈、同事圈、同学圈的口碑都很不错。

倒不是我有什么过人的地方，而是我坚持在不能给他人带来价值的时候，不过度索取价值。

例如，我的一个朋友需要我帮助代卖一件商品的时候，我会分析自己认识的人中是否有人真的需要，是否真的能给他带来价值，这样才会联系别人。

这样，接到我电话的人，很少会烦，因为我不是以盈利为目的去销售物品，而是考虑别人的需求推荐产品。这样，我的口碑越来越好，朋友也越来越多。

人都是如此，不让别人感觉压迫，交往才能稳定。在我看来，利益是基础，友谊是锦上添花。

当一个人找不到自我价值的时候，别以为周围的人能为你带来价值。事实上，当一个人无所事事的时候，即使有机会结交那些有能力的人，他也不会从中得到真正的帮助。在这个过程中，他会问自己：“我的社会地位、财富和别人对等吗？我是否了解自己，自己究竟能做到什么？我凭什么能让别人为自己服务？难道仅凭自己口头承诺的‘我将来发达了，一定会报答你’这种话吗？”

渴望认识能帮助自己的人是人之常情，但不能奢求不劳而获。

当你满足不了他人需求的时候，至少要想办法给别人创造需求。

没有一个人在这个世界上是完美的，只要你能够找到令对方最头疼的事，并进行深度思考，哪怕因为你的一个想法，事情能变得稍微好一点点，你也可以搏一次。

这样，即使你帮不了忙，对方也会感动，因为你的初衷是为了帮他解决问题，而不是赤裸裸地索取。

还有另外一种情况，就是如果你有机会多次和某个牛人接触的话，你可以运用长期手段创造一种平等的境地。

例如，当你的客户日理万机、无心照管自己健康的时候，你可以多学点保健方面的知识。这样只要一聊天，他发现你某个方面懂的东西比他多，他就会对你留下几分好印象。如果过些天，你能再推荐一个非常棒的中医给他，帮他调理身体，那么平等的感觉就会越来越多。

虽然在谈你们两个人之间的事情的时候，他属于强势的一方，但是正因为你发现了对方存在的问题，创造了需求，迎合了他的需求，不用怀疑，你的气场也会慢慢变强。

一句话打动别人

社会上总有一些人浑身都散发着骄傲的气息，当你需要与他们接触的时候，要懂得沟通的窍门。

有的人看起来骄傲，但实际上他们的内心并非如此。还有的人，看起来彬彬有礼、很好接触，但是他们往往内心里与人的关系是疏离的，他们用这种彬彬有礼，提醒别人要守礼，不要越界。

例如，牛人们做事的时候往往都是非常认真的，他们对于别人夸赞的所谓“有事业心”“做事认真”的说法，已经毫无兴趣了，毕竟他们的成就摆在那里，是不需要多说的。

但是，如果你能从另一个角度来看待他人，效果自然不同。

我的一个朋友对我讲起过这么一个经历：

由于工作的原因，他常常接触到影视圈的导演。有两个声名在外的导演，刚开始接触的时候，两个人的风格完全不同。

其中一位男性导演看起来非常孤傲、自我，而另一位女性导演则显得亲切、随和。

为了给他们留下深刻的印象，我朋友操作的手段很有意思。

她对男性导演说：“您对待我很随和，并且听您说话，我感觉非常有哲理，很受益，和您的接触让我感到很愉快。”

她对女性导演说：“您总是为别人着想，在工作中肯定因为照顾别人的感受，而自己承担得非常多吧？有时候，是不是也有一种孤独感？”

这个例子常常让我觉得奥妙无穷，因为，不论对个性是内向还是外向的人，都有两面性。没有人任何时候都是外向的，也没有人任何时候都是内向的。指出这种矛盾的两面性，会让对方觉得：“你足够懂我。”

我的这个朋友看到了两个导演性格中的另一面，满足了这两个人内心的需求，越是搞艺术的人越希望有人能关注到自己的另一面。

大部分情况下，每个人都渴望被了解、被关注，希望别人能理解自己被隐藏在内心深处的痛苦和矛盾。

靠这样的方法，很短暂的接触就能与对方建立关系。

影响强势的人

无论是在工作还是生活中，我们总能发现自己需要学会说服别人。

如果我们一味地去说服，很难出效果。去摧毁一个人固有的想法，即便对方是一个未成年人，都是很难的，更遑论一个成熟的成年人了，对他来说，这是对他思想的挑战。我们要学会在不摧毁对方领土的基础上，建设一块你能影响到的阵地。

给大家举个职场中的例子。小吴的老板给大家开会，组织周六、周日集体活动，说这样能够缓解大家近期的工作压力。

老板的脾气并不是特别好，当下属有忤逆他意思的时候，他常常会当场给脸色看，不听任何人的解释。会议结束后，老板就对大家说了要举办集体活动，大家一听都很兴奋。老板接着对小吴说："安排一下拓展的地点。"

大家的精气神立即降下来了，因为一活动，就是做拓展，每次都接受团队教育，这哪儿是放松呢？

老板走后，小吴就开始查找资料。他查到了一个山清水秀，适合放松的好去处，于是把拓展地的资料和新选择的去处，打印了两份材料给老板送过去。送给老板的时候，小吴再次表示对老板的尊重，他感叹老板总是为员工考虑，掏钱让员工放松，他感觉在这样的公司上班非常幸福。

然后，他说："拓展当然是很好的选择，只是每次回来，大家都说很累。周一工作的时候，大家出现的情况就是周六、周日被拓展项目鼓励后，心头的干劲很大，但是四肢发酸，工作效率不高。"

小吴说的话非常有水准，把他的每一句话掰开来分析，没有一句不是站在老板的角度来考虑问题的。

最后，老板象征性地翻了一下材料，毫不犹豫地说："就按你想的去做吧。"

当我们与别人发生矛盾的时候，与其总想着如何征服，不如先从理解对方入手。

让周围一切有价值

比别人多件秘密武器

在竞争中，如果你比别人多一件武器，你做事就可能比别人更顺利，而这件武器未必要多难才能得到。

有一位女士负责推销价格不菲的护肤品。

很有意思的是，她每到一个新的地方，还没有开展业务之前，她真的会花时间和精力去寻找很不错的发型师。她不但自己做头发，还会跟发型师交朋友。

她不会让自己的精力白费，她认识的发型师大部分情况下都能帮助她发挥巨大的作用。据她自己说，消费此等价格护肤品的女性大多数属于小资阶层，对自己的形象比较讲究。

她相信自己的产品能给她们带来改变，还要让客户看到她的产品带来的神奇变化。她不但推销护肤品，还推销保健品，护肤品和保健品一起发力，共同增强功效。

她结识的发型师对她工作的展开至少发挥了两层作用。第一层，在接近客户的过程中，因为客户是女性，由于她认识很不错的发型师，所以她就能给客户提供一些方便。比如当客户购买了她的产品后，还能得到额外的福利，那就是一些客户在她的推荐下，找发型师设计造型可以打折，或者预约更方便一些。很多女性容易被这一点小小的优越感征服，而因此感到内心很满足。

第二层，在后期使用产品的过程中，由于客户的发型发生了变化，发型也会带动一个人精气神的变化。有可能的情况是，当客户遇到认识的人的时候，大家这样搭讪"你精神了很多""你变得更漂亮了"等，这些赞美之词会让客户更加相信是保健品和护肤品的力量，让自己的状态变得更好。

对这位女士来说，发型师不是她的朋友，她却把发型师变成了对自己有用的人。

一眼看透对方的圈子

别人想要看清你，一般会观察你周围的圈子。同样，你观察别人也不要单一地看他本人，也要通过圈子来了解一个人的能力。

建立适合自己的圈子，不只是找朋友，还要找有用的人。

拿上述例子来说，想推销自己的产品给女性，就要了解女性的各种需求，就要刻意地结交一些能帮助自己的人。

生活中，我们面对的人很多，要结交的并不多。对于大部分人来说，每天接触的就是一群固定的人，如果不刻意设计和经营，谁都容易因为懒惰而故步自封。

刻意交往的人在我们的人脉分类中，属于需要却又不常接触到的人。

举个例子来说，一个商人在可能需要的人里面会有一名小学老师。为什么会这样呢？当商人的孩子上学后需要老师辅导的时候，社交范围内的这位老师此时就会发挥作用了。

可能有人会有这样的疑问："我的孩子需要补习的课程是物理，可是我认识的这位老师是语文老师，这样的话，他就帮不到我了。"

这样想就有点片面，语文老师接触最多的人是谁？还是学校里的各科老师，他自己不教物理，但是他可以用最快的速度帮你找到能帮你的人。

如果这样想，你就能够知道圈子的重要作用。

很多时候，我们都需要专业人士的帮忙。例如，当你的领导要求写一份策划书，你感觉这是个非常好的机会，但是你除了文笔好之外，不具备这种实用文体的写作能力，怎么办？再比如，你想要创业，虽然你想好了干什么，但是你不会财务管理，怎么办？

有一技之长的专业人士，总有可能满足你的需要。这就要求你在平时，应该刻意结交一些相关的专业人士，像律师、财务、培训师、人力资源……到关键时候，他们就能够帮助到你。

还人情要及时

别人帮助我们的时候，我们都知道要还人情，但是对自己周围常常接触到的人，就往往容易不注意及时还人情。殊不知，一次不还，下一次对方的热情就没那么高了。

有个笑话，说的是办公室有两个人，有一次，有个人请另一个人帮自己值了两天班。没想到这个人回来之后，帮忙的那个人就开始颐指气使地让他打了一周的水。

这让被帮助的人心里很不是滋味，于是他就想了一个方法，那就是请客吃饭，将同事顶替值班的人情债还掉。

吃饭的时候，一方很直白地说这次请吃饭，就算把顶替值班的人情给还上了。没想到另一方说：“一顿饭就能还上？临时要帮你值班，可不是我一个人的事儿，我要及时通知我家人去接送孩子，还得赶紧通知我亲属去我家帮忙做饭，我们全家都在付出……”

这个故事很诙谐地讲了两个人相处中难免的“计较”。

我们和周围人的互动要注意的第一方面是：当我们帮助别人的时候，不要因为帮过别人，就给别人施加压力。今天你帮了别人，说不准将来什么时候别人就能帮到你，不能仗着帮过人就过度索取。

第二方面就是：当我们被人帮助后，还人情要及时，如果不及时还，等到别人内心感觉不满，转而开始索取回报的时候，事情就有点儿变味了。毕竟当帮助自己的人不是亲朋好友的时候，大家希望能及时得到回报，而不是留到将来都要天各一方的时候，人情还没有还上。

最后，还人情的时候，要注意语言不要太露骨。拿上面的例子来说，虽然帮助人的人显得很小气，但也是人之常情，毕竟别人在你最需要的时候伸出了援手，所以被帮助的人在请人吃饭的时候，还是要表现出更多的感谢。

用肯定消灭他人的抵触

扎针帮不了别人

有的人天生就希望得到别人的肯定，得到这个肯定的目的会大于做事的目的。

有位设计师就是这样。每当他给领导看设计作品的时候，只要领导表现出否定的意思，他就会拼命反抗、据理力争，保持自己的“风格”。

因为每次都这样，有一次对于一个不太重要的作品，领导也不想和他较真了，就对他说：“你自己看吧，你的水平我是认可的，这个作品我没什么别的意见。”

领导顺顺利利地让这个作品通过了，可他自己却开始反思了，他觉得自己的作品并没有给领导带来惊喜，平淡无奇地通过没有什么意思。

当他对自己不满意的时候，他就开始对自己的产品负责了，他反复研究，最后重新做了一个非常不错的作品交了上去。

这就是每个人心底可能都会有的“渴望别人认可”的心思，当这个心思被满足之后，他才能进入另一个更好的状态中去。

也就是说，我们不要总是批评别人，而是应该多提些建设性的意见。

我以前就遇到一位很多人都评价无法沟通的同事，他坚称自己做的东西就是最好的。有一次找他的时候，我先说我认为他的方案没有错，我只是有几个操作上具体的问题想请教。接着，我就问了几个可能发生的问题。从始至终，我没有提到他的方案不行，而是指出操作上有点难度。最后，我说了我的计划，当然和他的完全不同。他当时听了，什么评论都没有，只说了句“让我想想”。后来，他修改了他的计划，加入了我的观点，但实际上，他等于完全改变了自己本来的计划。

当我们在生活中针对别人的时候，我们最好想想，自己将要给人家的这种论断有助于解决问题吗？例如，当一个人知识积累不够丰富的时候，你是选择送他几本书，说“这就是我非常喜欢的书，希望与你分享”，还是要花一下午的时间，喋喋不休地指责别人不爱看书？

认真来想这个问题的时候，我们就会发现别人永远不需要我们的指责，所有人都需要一种真心诚意的帮助。

心情放松，抵触感降低

一位做广告的朋友，常常说的一句话就是：“别总想着让别人相信你的东西是好的，要先看看现在的人们已经相信了什么，在这个基础上再想办法让人们从思想上接受你。”

从本质上来说，这就是对别人世界观的尊重。做广告如此，做其他行业也是如此。如果你做一个商品的销售，即使对方提出了非常不专业的问题，也不要在第一时间否定他。哪怕对方说要买一瓶洗面奶回家好好地敷脸，你也不要迅速地纠正她。

如果一个人买洗面奶，说：“我把洗面奶敷在脸上20分钟行不行？”

你说：“这是绝对不行的。”

你说完这句话，这位顾客估计就该离开了。

你可以这样说：“洗面奶在脸上敷20分钟，你想达到一个什么样的效果呢？”

对方可能就会解释她的原因，可能就会说：“我想让脸洗得更干净，洗面奶多在脸上待一段时间，会不会帮我的脸做更好的清洁？因为我的脸太油了。”

你还是不用否定，你接着说：“跟我来，我这里有一种产品叫吸油面纸，这个吸油面纸就能够把你脸上多余的油吸走。当然，如果你还是想买洗面奶，我带你看另一款产品，不用在脸上待20分钟那么久，像平常洗脸一样洗，洗完之后，脸部皮肤就变得非常清透了。”

这样，你没有说一句嘲讽的话，照样能够把事情做好。

当你把一个人得罪了之后，再去补救是很难的。

这里还要对大家说的一点就是，很多嘲笑别人理解力差、不容易沟通的人，有时候也应该把问题想得更透彻一点。在这个世界上，每件事情都有答案，只不过你还没有找到解答的方法而已。

为什么要怒气冲冲地否定别人呢？你是否能够在引导中，心平气和地让对方彻底相信你，并理解你说的话呢？当你不急于否定的时候，当你有自信让对方改变的时候，就能够将自己的呼吸调整好、目光变得很柔和，对方会觉得自己被尊敬、被重视，得到了别人的肯定。他最初的不满、不安，以及对你的陌生感都会减少许多，从而慢慢接纳你，你说的话，他才能听进去。

毕竟在说服一个人时，对方一定会有某种程度的心理抵触，他所提出的主张与意见，不过是在为心理上的抵触寻找借口。如果抵触感消失了，这些借口也就随之消失，这是必然的结果。

肯定他人的价值

如果你顺利晋升了，你打算怎样对待那些曾经的同事，也就是今天的下属呢?

该管理的时候一定要管理，但同时有个大问题要注意，刚升职的你，一定不要逼他人比现在更出色，甚至不能强求你团队的成员和你一样出色。

常常听到一些职场精英对我倾诉他们的苦恼：团队里的人成长太慢！他们期待手下的员工能像自己一样能干，像自己一样有责任心，等等。

实际上，在我看来，这有点儿强人所难，如果一个人的下属比自己还能干，升职的人就不该是他。允许下属的能力不如自己是硬道理，在允许的基础上再进行局部改造，才是升职后改造手下要做的事。

圆融之道不伤人

谨慎守来好结果

你有多谨慎，就会少多少麻烦。要知道，谁在年轻的时候就保持一份谨慎，避免引起矛盾，就有可能会走得更稳、更远。

例如，在一次同事聚餐的时候，同事告诉你一件事情，说老板对他进行了很不公正的批评，让他心里很难受。他问你怎么看待老板这个人，你应该如何面对这样的事情呢？

我就曾经问过几个年轻人，几个人的回答完全不一样，让我们来具体分析一下各自的特点。

甲说：“快别提了，我上次也经历了这样一件事，老板对我也是这样，我也正一肚子苦水呢。”

乙说：“老板倒也不是个坏人，但是有时候……唉，没关系，总会好起来的。”

丙说：“算了吧，你别抱怨了，你要是自己真有本事，早跳槽了，干吗在这里受这份儿气呢？”

丁说：“别说老板的坏话了，传出去不好。”

就这样，四个人，四种反应。

你是如何看待的呢？其实，我们很容易就发现，甲的回答是有问题的，虽然回答的目的是想起到安慰性的作用，但是传到老板耳朵里，就不是这样，会演变成两个员工一起发动了对老板的攻击。

丙的回答会让自己陷入孤立无援的境地，任何人都有发牢骚的权利，我们虽然知道发牢骚改变不了什么，但是不应该要求别人改正他们自己。

而丁的做法显得少了点人情味。

只有乙的回答最完美，一句“老板也不是坏人，不过……”似乎暗含批评，表示赞同，这才是安全的回答。

多做好的假设

我有一个老友，据他自己说，他生活中真正的朋友只有我一个。

老友是个非常善良的人，但是和大家相处时总是有矛盾。

在公司中，他总是遇到一些给他设置障碍的同事。

生活中，不如意的事情常常发生。

别人都说“人生不如意事十之八九”，可是在我看来，我的生活中“不如意的事常常只有十之一二”。

老友也问我为什么，当年，我对他的回答是：“可能是运气稍微好一些。”

后来发生的一件事情，让我觉得不是运气的原因。

我和老友被一个同学邀请去吃饭。

我们一起去了，多日未聚，大家吃得很开心，心情都很不错。

要结账的时候，却出了一点小问题。原来，请吃饭的同学忘记带钱包了。

老友的脸色当时就非常不好看了。后来，我将钱付清，和老友一起离开的时候，他气愤地对我说：“这个世界上的人怎么这样有心机，请人吃饭居然不带钱包？他肯定压根儿就没想着掏钱，不然怎么会这样呢？”

我说：“好久不见，一起吃饭还是很高兴的，他可能出门走得急，真的忘记带了。”

老友还是一脸不高兴。

坦率地说，那一刻，我发现了老友的优点往往有时候也是缺点。

他是一个非常有原则的人，不论对别人还是对自己，都有

“原则”到苛刻的程度。

本来约我们的那个同学，且不说经济实力如何，人品还是毋庸置疑的，但老友只盯着同学不埋单这个事实，当然会让人无法辩驳。当然，我欣赏老友的原因也许在于，我总是看到事情好的方面。

当你把一个人的品格定位为斤斤计较、爱批评人，你怎么能发现他的好呢?

如果你能意识到“斤斤计较、爱批评人”也许只是你的主观感觉，换个角度看，“斤斤计较、爱批评人”的另一面是“有原则”。和这样的人相处，其实有很放心的一面，事情交给他们办时很少出岔子，让自己省心省力，毕竟事物都有两面性。

人与人交往之中产生的矛盾，有时候也许不是事实，而仅仅是信息的不对称。当你的假设和别人的想法不一样的时候，会产生误解，就开始为解决本可以不产生的矛盾而头疼了。

培养乐群气质

“乐群”这个词，来源于心理学的一个研究，有些人“乐群性”高，有些人则相反。

职场中，有人不愿意和他人一起共事，也不大愿意主动和别人聊天、接触，总是希望别人先接近自己。久而久之，同事会觉得他“不爱说话”，也就逐渐放弃与其交往。这时，他就会感到被孤立，心理压力增大。

可是，开口和同事聊什么呢？

没有经过设计，天南海北地瞎聊是不可能的，这样既显得自己不职业化，又耽误他人的时间，反而会引起别人的反感。实际上，可以准备几个话题，例如：

问一问你的同事：“你的工作进行得还好吧？”

还可以问一问你的同事：“你把烦琐的工作做得有条不紊，请教一下有啥好方法啊？”

或者问那些皱着眉头的同事：“我能为你做点啥，是否需要帮助？”

这些话题问出来，会让人感觉你是个实实在在、脚踏实地，又懂得合作的人，虽然只是短短的几句话，但是让你得到的回馈却是相当可观的。不得不说，很多人在工作中喜欢推、拖、拉，唯恐做得太多而吃亏。你与别人不同，你将来的发展自然也会跟别人不同了。

此外，乐群的气质不是一种包装，而是一种发自内心的观点。比如，当你的同事想出了一条连领导都赞赏的绝妙好计时，你内心可能隐隐有些失落：“为什么不是我想出来的？”

可是你要懂得接受和欣赏别人，自己没有发光的时候，不如偷沾他人的光。比如你说："你的这个主意太好了，好棒！"在这个人人都想争着出头的社会里，一个不妒忌同事的人，会让所有人觉得你本性纯良、富有团队精神，尤其是领导会对你另眼看待。

在团队中，需要别人帮你一把的时候，要学会使用诚恳的态度，用恰到好处的语言真诚地感谢别人的帮助，并保证他日必定回报。当你需要帮助时，可以这样说："这件事情，非常需要你这方面的能力，没有你发挥作用，我可是六神无主呢。"

这样，他人通常会答应你的请求。当然，将来有功劳的时候，就算对帮助自己的人没有利益上的报答，言谈中你也需要宣传一下他人帮你的"好人好事"。

要记得，不管人性多么复杂，人都是喜欢美好的，人都是向往快乐的，人都是喜欢单纯的交往的。

处理好信息才能处理好关系

辨别真假信息

只要一个人想和周围人熟悉，就必然涉及信息的交换。当人们了解你之后，才会选择是否和你接触，或者与你走多近。

同样，你对待别人的态度也是基于对别人信息的掌握，万一信息掌握错误，所有的事情就会偏离你所设想的轨道。

认识几个企业高管后，我发现他们脑袋里面总在琢磨一件事，就是怎么能在不提高工资的基础上，让员工们努力把工作做得更好，例如许诺未来和画大饼。

有的招聘启事，总是在宣扬会给年轻人发展空间，支持年轻人从事管理工作。

实际上，该公司负责人对大学生和年轻人的评价全是负面的，他眼中的年轻人都好高骛远。

企业给年轻人假的信息，是为了不花钱，让年轻人还能津津有味地工作。

年轻人如果轻信招聘信息，判断失误，就会在自己的内心产生严重的挫败感。当他发现自己努力很久都没有晋升、加薪的时候，他就可能会走到一个自卑的极端。

这类信息的真假其实并不难辨别，知己知彼才能百战不殆。多阅读，多关注，就能知道该企业究竟是怎么看待大学生与年轻人的。

谈吐随性，前途堪忧

大部分在公司里做行政的人都有一脸温和的笑容，也很善于沟通。公司对于行政的期许就是这样的。

可是，如果你想让自己处于一种安全状态，就要注意不要过多地和行政人员聊私事。例如，你随意聊到自己不好的身体状况，很有可能他们当时会发自内心地同情你，但是他们转过头、背过身，就会考虑给你调岗的问题，把你从重要的位置上调下来。

对于领导也是如此。如果你的个人情况遭遇危机，遇到关心你的同事和领导向你询问，你打算如何透露信息？

是一股脑把所有信息都倒出来，还是有所保留？

前者同样会引起领导内心的紧张，毕竟领导不是朋友。他关心你的原因在于希望你能更好地为公司创造价值，如果你透露了个人过多的负面信息，他会越来越觉得你由于私人的原因在工作中力不从心。更可怕的是，当他这么想了之后，似乎你每件事都是如此。

后者符合职业化的标准，并且你要表示出自己虽然难免遇到一些不开心的事，但是你对自己不失望，你知道自己有能力驾驭好事情的走向，经过短暂的调整，你的状态一定可以重回良好。这样做，就会让大家觉得你是一个有能力、可信赖、可托付事情的人。

交深言深，交浅言浅

好多年前，去拜访一个大人物的时候，我使用过“交浅言深”的一招。

他是出了名的强势、不可一世，但也的确有骄傲的资本。此人多年旅居国外，业务精通熟练，战略布局高瞻远瞩。

在我们沟通比较愉快的情况下，我邀请他一起吃饭。看他想要拒绝，我赶紧说不是随便找地方吃饭，而是选了一家新开的餐厅，口味相当不错，好座位也不好订，可是我已经订好了一个安静的、便于交谈的独立包间。听我这么一说，他就答应了。

到达餐厅之后，大人物脱离了办公室的环境，脑袋上权威的光环就小了不少。吃着，聊着，喝了几杯，我主动说起了我在国外的一段经历，大意就是不被接受、有孤单感。我说："我从来不和别人说这种经历，因为我平时还挺要面子的，再说一般人也不理解。"

一听我说"一般人也不理解"，他就开口说："我能理解。"紧接着，他就说起了自己在国外的一段隐秘生活，我听得出来他说的都是真的。此次晚餐结束，我成功地达到了目标。

由于工作关系，第二天再见到他的时候，我发现他起初有些不自然，因为他显然意识到自己昨晚"说多了"。可是既然隐秘的事情都说了出来，他对自己经历中藏着、掖着的部分就更少了。

一起吃饭过程中的信息交换，是我与他接触的一个突破口，他头上的光环变小了。至少在我面前，他从一个不可一世的人，变成了一个有喜怒哀乐的普通人。他对我后期的工作提供了不少帮助。

人与人的交往，很大程度上并不完全取决于见面、认识时间的长短，而要看他们之间聊了什么，进行了哪些内容上的谈话。

大部分人说出自己秘密的时候，往往就控制不了人和人之间的距离了。对我来说，只不过是拉近了和大人物的距离，可是生活中还有很多人恶意利用这个规律操纵别人，所以就有人上当受骗，而且还是被认识不久的人骗了的事儿。

例如，当一位女性把自己家庭生活的不如意告诉另外一个女人的时候，也许她是不小心说出来的，但是在成人的世界里，大家都是以成人的标准来评价别人和评价自己的。当她说出这一切的时候，就会被认定为两人是朋友关系。

当她和对方感觉好像已经成为朋友的时候，就给自己挖了坑：当朋友请她买点保健品、请她帮个忙、向她借点钱的时候，拒绝是一件困难的事，于是……

有效沟通就要解决问题

会听才会说

沟通不是万能的，但是生活中大部分的事情都需要沟通解决。我们常常会接触到一类人，与他们的沟通总陷入无效。

他们不会倾听，虽然他们貌似竖着耳朵在听别人说话，我也曾犯过这样的错误。几年前，我带团队的时候有这样的一次经历：

作为销售主管，我鼓励手下大胆做业务，敢闯、敢干。所以，我对他们日常管理的局限性很少。一次，几个销售骨干和客户的饭局花费超标了，几个人去财务部门报销的时候，遭到了拒绝。

很有影响力的销售骨干小杨向我做了口头汇报，我衡量了一下请客对象的分量，觉得花费的数量也是值得的，充分体现了对客户的重视。我表示会向公司争取超支部分的报销。

申请被拒绝，我就向手下的销售人员通知了这件事情。

小杨很不满，在他情绪的影响下，其他几个销售人员出现了消极怠工的情况。

小杨说：“制度是制度，可是一个销售员如果花钱的时候畏畏缩缩，会让客户有什么感受呢？”

我说了很多也没有说服他。

后来，我干脆放弃了，就请小杨吃了一顿饭，如实讲了自己的权限。没想到，吃饭之后第二天，小杨的状态就得到了缓解和恢复。

于是，我明白问题的根源了。

当我向小杨讲很多大道理的时候，小杨是不接受的。那一刻，我太功利，太迫切希望小杨能理解我、配合我的管理工作，这些给他的却是一种强加的利益上的伤害。

我甚至没有听他说话，没有设身处地考虑他的感受，当然难以引起共鸣。站在小杨的角度来看，陪客户吃饭超过预算也是很无奈的事情，本来出发点是为了给公司做成业务，后来还要自己掏钱，在当时工资不高的情况下，他自然难以接受。

这就是说，我们总希望别人按照我们的想法去做，因为“说”更快、更直接。当有想法想要控制别人的时候，“说”成为我们更多人选择的沟通方式，我们绞尽脑汁地为自己的决定寻找支撑。

但“只有会听的人才会说”，倾听是说的前提，先听懂别人的意思了，再说出自己的想法和观点，才能更有效地沟通。只有听懂别人表达意思的人，才能沟通得更好，事情才能解决得更圆满。

允许别人说话，允许别人表达，允许别人不接受，沟通才能更顺利。

想不发火有妙招

沟通的目的是什么？是为了解决当下的问题。

当人们发生争吵的时候，往往已经远离了这个初衷，绝大多数人都遇到过这样的情形：和他人发生激烈争执的时候，思路顿时就飘到了很久以前，N年前的事情也会被翻出来，常常会老账新账一起算。

当人们开始“翻旧账”的时候，常常忽视了问题本身，忘记了出发点是为了更好地解决问题，慢慢地就偏离了我们最初的轨道。

所以，在和他人的交流中，我们要随时控制自己的话题，需要不断提醒自己，牢记目标是为了解决问题，而非对于人的攻击，沟通最终的结果也是为了问题的解决。当我们说出自己的观点以后，先听对方的意见，随后一定要将重点转移到问题解决方案的提出上。

想要解决问题，先要控制自己别被火气冲昏头脑。给大家一个很简单、有效的方法。

当遭遇别人挑衅的时候，你想发火之前，不妨先重复一遍对方说的话。当你重复的时候，对方也会进入一个冷静的梳理过程。例如，有人如果带着恶意说："你怎么把电脑用坏了呢？对工作这么不负责任！"

本来你想立即就和面前的这个人吵一架，但是你可以说："你的意思是，电脑是我不正常操作使用坏的？你能保证不是其他方面的原因吗？而且，仅仅因为我的电脑出现故障，你就下结论说我对工作不负责任，是吗？"

当你的问题问出来后，虽然你没有发火，但是会刺激对方思考，他自己就会检查出语言中的逻辑漏洞。这样，不等你发火，对方就会解释，而解释的第一句话往往就是："我不是那个意思……"

此外，也不要轻易对别人发火，在和他人沟通的过程中，要有方式方法，不卑不亢地去沟通。毕竟同样一句话，用不同的语气或者不同的表达方式，可以获得不同的效果。

例如，某个人犯了错，你可以这样和他沟通："你在各方面都很优秀，如果你给我的报告中没有错别字，那就更好了。”

这样的说话语气会使别人很乐意接受你的意见和观点，也很容易去改正他的缺点。但是，如果你用指责的态度指出别人的问题，对方就算认识到自己的过错，也会因为你指责的语气而心怀不满。

口头赢未必赢

我年轻的时候，感觉自己脑子转得快，常常在说服他人的过程中，让对方哑口无言。总以为自己又成功拿下了一个客户，或者又成功说服了一个人，很有成就感。

直到有一次，我在酒桌上搞定了一个大老板。当时，他拍着胸脯给我做出承诺，一定能够按照我的要求进行。那天，我心情非常好。

没想到的事情发生了。第二天，这个老板把一笔业务转给了他的一个手下全权代理，而他的手下完全没有按照我和老板约定的条目进行。我非常生气。

开始，我找这位老板的时候，他还支支吾吾，说“手下人不好管”，可是没过几次，他就不接我的电话了。一笔业务在磕磕绊绊中进行得很艰难。

这件事让我意识到，很多事情不能只靠“术”来征服别人，还要有“道”的支撑。口头上说服别人容易，得到别人口头上的承诺也是容易的，但是当我们不能合理地给别人提供价值的时候，即使别人碍于情面勉强答应，但是在后续问题上，他们也会因为内心的不满意而产生变故，让事情变得更加复杂。

沟通也是门妥协的艺术。要兼顾两方面的利益，才能做到平衡。

该妥协的时候就应该妥协，尽量不要逼迫别人勉强答应他本不想做的事，合情合理才不会导致出现前期承诺时轻松，后期执行时却变得繁复无比，让自己措手不及的事情发生。

第三章

在圈子里让别人愿意靠过来

随时推销自己

多做传播，口渴之前先掘井

让优秀的人离你很近

没人稀罕群发的笑

展示优势，把自己变磁石

合作是一门艺术

有能力让客户对你忠诚

让别人成为感恩的人

随时推销自己

别让面子捆绑你

每个人都身处不同的圈子，你要主动把自己亮出去，想要和你合作的人才能发现你。

工作中也是如此，要敢于亮出自己。我有个同学现在已经是某家公司的高层，想到当年他的“出位”，总是令我很叹服。

当他还是一个领导都叫不上名字的员工时，一次，公司举办了内部联欢会。会场上，老板突然心血来潮，想展示自己的音乐天赋。大家都知道领导是练过美声的，当老板发动唱歌的时候，大家谁也不肯唱第一首，纷纷起哄让老板先唱一曲。

老板有点不好意思“自卖自夸”，于是，开口邀请一个员工和自己“对唱”。

大家一听老板这么说，都不吭声了。这时，我那位同学站起来，自告奋勇要陪老板高歌一曲。

一般人会猜测，同学的歌喉一定很棒，不然哪好意思献唱呢。

同学一张口，果然令四座震惊，他的歌声，实在令人不敢恭维，不仅天生一副破锣嗓，甚至曲调走得“九曲十八弯”。大家都暗暗发笑，这不是自取其辱吗？

不过，同学装作听不见隐隐传来的笑声，他唱得很投入，很放松，很坦然。联欢会结束后，不少同事都说同学不知天高地厚，丢人丢到家了。

同学还傻呵呵地说：“我觉得自己唱得挺好的。”引来哄堂大笑。

联欢会后没多久，老板就把同学调到了身边。后来，老板又让他升任为自己的助理。

同学的这步棋走得很明智，唱歌是他借机接近老板的好办法。

在大家都不好意思上台的时候，很冷场，同学上了台，实际上也替老板解了围。而且，同学唱歌越不好，越显示出老板唱歌的水准。最后，他一切都表现得很自然、不做作，展示了自己的大方和自信。

他从踏出第一步的时候，就算好了接下来可能发生的事，并有能力走稳接下来要走的路。

电话总不响，你就打出去

当一个人开始主动的时候，所有的事情就会变得主动。例如，当你看到冷漠的人时，不妨主动和他打招呼，一个招呼就说明："我眼里有你。"谁不喜欢自己被别人尊重和注意呢？你释放出善意，也会收获善意。如果你主动和公司的同事打招呼持续一个月，你在公司的人气可能会迅速上升。

社交中也是如此，当你得到了一个人的联系方式，他也得到了你的联系方式时，他让你等电话。你会不会傻傻地等一天？如果你等了，电话总不响，就直接打过去吧，也许他真的很忙。所以，你更需要主动。

电话接通后，你该怎么说呢？

当客户对你完全不了解的时候，客户对你不信任，你可以考虑提及你现有的资源，让他对你产生信任感。

例如，如果客户是A公司，而A公司和B公司之间有合作关系，你就要善于利用这层关系。第一个电话打过去的时候，简短地打招呼后，就应该说："我们是国内专业的培训公司。我们最近为B公司做了为期一周的培训，全体销售人员都参加了这次电话销售培训……"

当对方在感性上有所认识的时候，你要继续进攻，约见客户。

记住，打第一个电话唯一的目的不是成交，而是索取见面的机会。

当然，约见客户是有技巧的。大部分的客户都会以忙为借口不见面，可是，谁都会忙，人们把忙当作了一种积极的做事态度。你不应该否定这种状态，你应该让客户懂得，你也很忙，然而为了见他，你特意向领导申请，并空出来两天的时间等待他。给客户一个工作日、一个休息日的时间点，让客户进行选择，并诚恳地表示，你盼望见到他。只要有这种主动的精神，并且有这种符合人性需求的做法，你的重视就会引起他的重视。

在这样的指导下，把电话打出去，即使遭到一两次拒绝，基本在第三次时，你就可能顺利见到你的客户了。

敢于分享你的经历

小董做女子美容的生意。她和顾客的关系特别好，而且她也懂得，客户相信她的美容机构，才把自己最在乎的“颜面”交给她打理，自己一定要让客户放心。

想想看，除非紧急情况，谁能轻易把信任交给一个陌生人呢？

小董非常懂得的一点就是不与客户套近乎，却能够潜移默化地让客户感受到亲切。

比如，她不会刻意地套问顾客的秘密，因为对待第一次来的顾客，重要的是让顾客没有压力，感受她的专业和放松。但同时，又不能够太冷漠，让顾客感觉不到对自己的重视。

小董一般都会从皮肤状况、保健知识或者化妆品知识入手，尤其是对平时使用一些中端化妆品的顾客，她更不会给对方压力，这会让对方感觉很舒服。

比如，她会拿自己以前的经历与对方分享：“刚来这个大城市，没有资金开美容院，所以我卖过很长时间的化妆品，也发现了化妆品很多的秘密。有的化妆品看起来名声很大，里面的成分其实与另一款产品差不了太多，主要改变是在气味上，护肤功能也差不了太多……”

就这样，从分享自己私人的经历开始，到讨论化妆品，客户会了解到小董是个很积极、很努力的女人，更重要的是，她对化妆品很在行。这样，顾客到小董店里去订化妆品也慢慢变成一件顺理成章的事情。

有时候就是这样，你主动对别人说：“我们聊聊吧。”对方还是无法进入一个放松的状态，而你从自己的个人经历入手，先聊聊自己倒是一个不错的选择。

从小董的案例中，我们还可以学习到的是，分享一件事情的时候，要把握分寸，分享自己的过去，首选无害的，还不能破坏专业形象，最好是选那些能够为自己现在从事的事业铺路的故事。

多做传播，口渴之前先掘井

钓到的鱼也要勤喂食

有太多的事情在挤占我们的时间。电视、网络里有很多的娱乐节目都会让人们远离寂寞，大家有没有发现，当你关上电脑的那一刻，整个世界安静下来，房间里空荡荡的，你就会感觉到寂寞。

寂寞是好的，会帮你思考很多的事情，但是很多人不喜欢这位朋友，就又会打开电脑、电视。很多人还有这样的习惯，就是回家就把电视打开，不论电视里放的是什么节目，都没有关系，重要的是一定要让这个屋子里有声音，哪怕自己继续做该做的事情，电视机就一直在那里响着。

当朋友约我们的时候，我们常常又会觉得自己好忙，没有时间。我们听到了太多的杂音，却没有好好地和朋友说说话，听一听他们的声音。这样，再熟悉的朋友也会变得陌生，一段交往就会慢慢地冷下去。

曾经有这样一句话叫作“钓到的鱼不用再喂食”，这迎合了很多人的心理，有了安慰自己的借口。大家可以说既然已经是朋友了，何必再去联系呢。其实，这种自我安慰的方法对实际的交往来说是有害的，一条小鱼你连鱼食都不去喂，怎么能让它长成一条大鱼呢?

不排除有的人生活真的很忙，即使是这样，没有事情的时候，也要给朋友打个电话联系一下。这样，你一有事朋友马上就会来帮忙。有事之时找朋友，大家都有过，无事之时找朋友，也一定不要忘记，因为“人到用时方恨少”。当需要一个人帮你的时候，你有没有发现他即使是你的朋友，你也感觉向他开口有难度。为什么?就是因为你会想，已经好久没联系了，过去有许多时候，本来应该去看他的，结果你都没有去，现在有求于人就去找他，会不会太唐突了?在这种情形之下，你不免有些后悔“闲时不烧香”了。

除了朋友外，与其他人之间，我们也要保持有节奏的联系。在商业社会，我们每个人都是一个牌子，如何把牌子建成一个品牌，这也是非常重要的。

打上自己的烙印

职场中，哪怕你是一名普通员工，也可以做出自己的特色，做出自己的品牌。大到每年岗位目标的树立，小到每周部门的例会汇报，都以自己的方式、逻辑、思维和体系来分析，将每件事情都打上属于你自己的烙印。你出手的每个产品都有属于自己的特色，这样，你会让所有人记住你，影响力也会逐步释放。

老赵是一家公司的销售经理。他很喜欢上网，而且难得的是，他总是坚持写博客。在不泄露公司机密的情况下，他总是在博客中写自己经历的故事和心得。后来，他发现自己开始有了一定的影响力，跟帖和回帖的人越来越多，基本上只要是有价值的探讨和讨论，他都会一一回复。

这个点击量大的博客，虽然对大众来说没有影响力，但是在圈内人中还是很知名的。这个网络上的博客分享，很好地传播了老赵的个人品牌和个人魅力，大大促进了他业务的开展，人脉资源的延伸取得了突破性的进展。

后来，在关注他的人中间有了一些有资源的社会人士。一来二去，他还和其中的一位朋友建立了很好的联系，后来还谈成了一个大项目。

对方觉得正因为与老赵是在网上认识的，老赵不需要伪装和掩饰，他说的话和想的事情，都更贴近于他真实的内心，所以对老赵的印象非常好。后来两人见面后，在后期接触的过程中，他们发现彼此的价值观、兴趣爱好、处事能力都在一个层面上，合作的想法自然就产生了。

把影响力“变现”

美国营销大师菲利普·科特勒给品牌下的定义是：“品牌是一种名称、名词、标记或设计，或是它们的组合运用，其目的是借以辨认某个销售者或某类销售者的产品，并使之同竞争对手的产品区别开来。”

哪怕你不是一位明星，你也有自己的价值，有自己的价值就应该建立自己的品牌。有的人虽然有个人品牌，但未必就能很顺利地将之转换为社会资本，这就要靠你在建立个人品牌之前对自己定位。比如，一个人建立的品牌是搞笑高手、古灵精怪，当人们对此形成一定的印象之后，再想打破就很难了。

正如一个医药的广告，总是要找一些口碑很好、形象偏严肃的人来代言。试想，电视画面上，一个很实事求是的人在告诉你这个药能够帮助你药到病除，就有可信度。换言之，一个人如果擅长娱乐搞笑，让他代言药品的广告，就难以让人信服。

我们是普通人，同样也要维护自己的品牌。当你在公司开会的时候，在你对整个业务系统，或者对别人做的事情并不了解的时候，不要轻易发表意见。当你第一次说外行话的时候，别人未必会嘲笑你。如果你说了三次以上，大家认定你的话没有营养的时候，第四次你有再好的想法，大家也不想听了。所以，要时刻维护自己的形象。

如何把一个人的影响力“变现”呢？这就需要你了解自己适合做什么，要把一个人脑海中的形象落地，落实到做事情上，能真正地为社会增加一些价值，同时让自己有所收获。

例如，有一位名人，他开了一家咖啡厅，他的优雅和品位让他自己成为这家咖啡厅最好的代言人，他在开展业务的时候自然就能够得到一些便利。

假如他具有很大的名气，很多人会考虑与他合作，因为在他的咖啡厅举办一些活动，可以邀请这位名人担任一些活动的主持人和嘉宾。

他的名气越来越大，生意也会做得越来越好。

这位名人就这样把所有的资源盘活，让自己的形象得到最正面、健康、有效的传播。

让优秀的人离你很近

和谁在一起

有句话是这样说的：“你是谁并不重要，重要的是你和谁在一起。”

每个人总是在不断开发自己的社会资源，成功的人总是具有更庞大和更有力量的人脉网络。接触那些优秀的人好处多多，毕竟物以类聚、人以群分，丰富的人脉网络中，优秀的人是值得学习的标杆和榜样。从他们身上，我们能够看到自己的不足，更能够免费学习到他们成功的经验，吸取他们失败的教训。

“不识庐山真面目，只缘身在此山中。”人最大的敌人是自己，而战胜自己的最有力武器是认识自我。

认识自我是困难的，当一个人发现自己并不愿意和特别优秀的人相识、交往的时候，大部分情况下，他需要总结自己不愿意接触的原因。

为什么不愿意“攀高”呢？因为他心理脆弱！和一群同水平的人待在一起，会有舒适感，而与高水平的人接触，需要不停地攀登才能争取到平等对话的资本。

如果你对生活还不满足，你就必须走出这一步。走出这一步，你就被迫成长了。

优秀的人给你的压迫感有时候令你窒息，但更多的时候，在压力之下会刺激出你的另一面，例如：不服输、坚韧、执着。

例如，你有五个朋友，这五个朋友都过着安于现状的生活。当你攒了点钱，提出想自己创业的时候，他们一致的回答是：“别折腾了，有份工作挺不容易的了。”你就很容易被这种情绪感染。当你不创业了，想拿着钱买房子的时候，他们说：“何必给自己压力，租房子住不也挺好？反正也没睡到大街上。”恐怕你买房子的想法也会偃旗息鼓。

相反，如果你有另外五个朋友，他们每个人都住在高档公寓里，出入名车，而你还在租房子，恐怕连你自己都会感觉不好意思。突然，你感觉自己不能太差，有点存款就开始琢磨着如何投资个小产业，赚上一笔，或者莫名其妙就想多赚点钱，哪怕对工作再拼一下，先赚个首付也要买个房子。

这就是周围人给你的影响，好与不好都在起作用。

给大人物写信

大家对演员王刚都不陌生，在他身上有个传奇的经历：上小学时，王刚曾经给毛主席写过信，信的内容是表达自己的崇拜之情，信封上写的是“北京毛主席收”。

当时的王刚在学校并不是特别优秀的学生，老师也不是特别喜欢他。有一天，班主任老师一反常态地主动跟他打招呼，笑眯眯地带着王刚去见校长。

校长对他的态度也非常好，从桌子上拿起一个牛皮纸的大信封问他：“你们家有在党中央工作的亲戚吗？”原来，中国共产党中央委员会办公厅给他回信了。

中共中央办公厅秘书室给王刚回了一封鼓励他的信，令十岁的王刚从一个“坏学生”顿时成为学校里的好学生。此后的王刚受到了激励，也真的成为一个品学兼优的学生。

在这个故事中，我们可以看到面对那些优秀的、伟大的人物，我们想表达自己的敬意，却总是以为“大人物总是很忙”“大人物没时间”“大人物是不会理睬我的”。我们给自己设置了种种限制，因而也失掉了接触的机会。

当代社会，只要你想与一个人交流，发E-mail、发短信、写微信……简直太方便了。只要你有想法，人生不设限，你就一定能接触到最优秀的人。

有的人只有接触到，你才知道他会给你多大的舞台和视野。

没有话题就交流读书

和优秀的人在一起，你能聊什么？最好的话题就是聊“思想”，可以通过聊读书，聊出你的“思想”。

很多人都在看“社交口才”之类的书籍，认为沟通环节中是“不会说话”影响了人际交往。实则不然。有时候，脑袋中的储备不足时，人就会显得底气不足。巧妙的说话技巧固然重要，但是如果别人和你接触，想同你聊的十件事中，有九件事你听都没听过，他下次就很难再与你沟通了。

读书是一个很好的窗户，让你了解到更好的东西，方便你在聊天的时候，能给别人提供思考和交流的价值。读书是你能“舌灿莲花”的基础。

大部分人都喜欢那些与自身相似的人。不管他们是在观点、个性、背景上，还是生活方式上与自身相似，都会对其产生好感。所以，当我们想与一个人接触，并想给对方留下好印象的时候，不妨表现出一定的相似性，这样就能够轻松达到目的。

例如，当你有机会和优秀的人交流的时候，真诚地问对方平时都喜欢读哪些书。这个话题既没有那么强烈的刺探性，又能不动声色地摸到对方的品位和关注点。当你也关注这部分知识的时候，你和对方的关系会走得更近。

没人稀罕群发的笑

不要向所有人示好

很多人都说，要想搞好人际交往，就要学会微笑。

微笑会让他人感觉到善意，只是要注意微笑可以稍微来得晚一点，来得晚一点的微笑更动人。

这里要补充的是，笑容来得晚一点，会让别人感觉你更有尊严。如果笑容不那么群发，还会让对方感觉到你的善意，毕竟人们都希望自己在别人的心中是独一无二的。

在办公室的人际关系中，如果向所有人示好，等于没有与任何人交好。

举个例子来说，如果你有一件事情，虽然无关痛痒，但是属于个人私事。如果你对A说了，A的心里会有触动，觉得你对他不设防，认为你把他看得与别人不一样。过了不久，你又把这件事情告诉了B，可能B的心里也会有这样的感觉。

可是，如果A和B都知道原来你并不是看待他们与其他人不一样，而是一个可以把自己的事情随意告诉所有人的人，那么，你在别人心目中的分量就轻了。

也就是说，你可以和某个人分享无伤大雅的私事，但一定要记住，不能把私事变成集体记忆。

尊重自己，心有准则

有一类人貌似很会分析形势，懂得经营有价值的人脉，但却因缺失了内心的原则，反而将事情弄巧成拙。

别小看这一条，这一条足以让所有人不信任他。

小葛在公司里是出了名的能说会道、讨人喜欢。他所在的部门有一次内部升职的机会，小葛一看就明白自己资历太浅，不太有机会。

大家也都看出来了，老刘和老李有机会。俩人业绩都不错，关系一直不好，赶上升职这个关头，关系就更不好了。小葛利用很多私下的关系，也猜到这次升职的一定会是老刘，老刘是某高层领导的亲信。于是，他经常私下表示支持老刘对某些问题的看法和观点。

老刘和老李时常会请同事晚上一起唱歌或者吃饭，两个人的聚会，小葛都会参加。但是有一次，老刘请小葛吃饭提到了某个问题，小葛借了酒劲儿赶紧表示支持老刘，还说了几句不满老李的话。

后来，老刘果然升职了。令小葛没想到的是，老刘升职以后，并没有对他给予特殊照顾。原来，老刘介意的是，为什么小葛支持自己的观点，而且也看不上老李，但是却从不在公开场合表态，或者在开会的时候表明自己的立场？在老刘看来，精明如小葛，这样不敢公开表示支持自己的原因只有一个，就是不看好自己。

小葛原以为老刘会对自己另眼相待，没想到老刘对他一如往常。

更巧的是，不久后，老李居然也升职了。公司设立了一个新的部门，由具备业务经验的老李负责一些市场调研的工作。有意思的是，老李调研的数据对老刘的部门帮助很大，而老刘的意见对老李工作的开展也很重要。

于是，小葛眼睁睁地看着老刘与老李这两个原本互相看不上眼的人关系慢慢融洽，俨然成了朋友。小葛想到自己曾经在老刘面前说的不满老李的话，不禁不寒而栗。

半年后，小葛被调到了老李的部门，苦不堪言……

这个案例对于很多人来说，都不会感到陌生。人际关系的发展虽然谈不上瞬息万变，但是没有什么是固定不变的。

人与人之间的关系也是如此，你想押的宝往往不中，而你曾经忽视过的人，却有可能一夜之间成为可以掣肘你发展的人。

这提醒我们，不要轻易对未来的形势做判断，要用变化的眼光看待所有事情。内心要有判断事情的基本原则，并且无论在什么情况下，都不要违背自己的原则。唯有如此，才能让你的品质不受损害。

公开场合的自重

饭局和酒局是不错的社交场合，可以趁机多结交一些不错的人。一般来说，心思比较活泛的年轻人可能会因为“自我感觉太良好”，出现以下三种不好的情况，容易喧宾夺主。

第一种情况是，只对一个人说的事，却占用了别人的时间。

有人总是要显示出自己与主人的关系。在主人与大家逐个聊天的时候，他把主人拉到一边，窃窃私语，感觉自己和主人之间的关系特别不一般。岂不知这样给主人增加了不少压力，让主人有怠慢其他宾客之嫌。这样的方式不可取。

第二种情况是，吃饭的时候显示出自己的能说会道，经常制造话题，而忽视了宴请的一方所表达的某个主题。

对于一些口头表达能力较强的人来说，他们会误以为饭局是展示自己“见过世面”“不怯场”“会说话”的场合，这样就有可能表现过度，引起主人的不快。例如，拿着不用自己埋单的酒，到处给其他人敬酒，这是对组织饭局的人很大的不敬。

这样并不会引起别人的佩服，反而会让人觉得他轻浮。

第三种情况是，走的时候不注意风度。

在一个饭局中，主人宴请了很多人，某个人由于私人原因要走的时候，应该是造成越小的影响越好。不要以为自己特别重要，或者担心别人说自己失礼，走的时候到处告诉别人“我要走了”。当宾客酒足饭饱想要离开的时候，如果主人还有一些话没说完，他其实最怕的就是这种嚷嚷着要走的人，这样的人走不要紧，关键是他会带动一批人离场。

饭局这样的场合，往往是一些真正的高手过招的场合。但这并不是扩展人脉最重要的场合，不得不说，由于受很多原因的影响，有的人也许天生不能喝酒，有的人也许在公开场合一说话就脸红，有的人也许……他们不适合在这样的场合“出头”。

这样的情况也完全不用紧张，保持你的礼貌，保持你友善的态度，多参加，多总结，多倾听。当你并不是“高手”的时候，要学会替组织饭局的人应景，这样你的踏实和真诚，一定会给你惊喜。

展示优势，把自己变磁石

展示你的精气神

曾经有一段时间，我特别疲劳，整个人都显得没精神。

看看一沓的机票、火车票，我更觉自己有理由没精神。

有一次，在见到一位任何时候都很有气势的企业家时，我实在没忍住，就问他："您是如何保持这么好的精神状态的？"

他笑了笑，问我："你觉得我的精神状态好吗？"

我说："当然了。"

说完，我就有点后悔，我分明看到他眼神虽然很明亮，但是眼睛里明显有红红的血丝。

他说："我已经连续一周，每天没睡过超过五小时的觉了。"

我说："那您怎么有这么好的精力接待这么多人？"

他笑了笑，说："一个人必须要有好的势头，因为人很奇怪，当你精神萎靡的时候，别人仿佛觉得不批评你几句都不行。相反，你精神抖擞的时候，别人一接触你，就会愿意接受你。我们没必要非要养尊处优，才有好的精神状态。创业时就该如此，任何时候都要有最好的身体状态。"

听完他的话，我很有感触。也许我见他之前，准备的那些问题都没有太大的用处了，因为我的疲劳不会让他打起精神回答我的问题，反而他的神采奕奕，让我的思维跟着他跑了起来。

对于现在很多人来说，这个案例同样很有作用，我们现在常常感觉自己一直在吃苦，其实未必是真的吃苦，往往是看到别人吃螃蟹，我们一看自己碗里只有青菜，就觉得是在吃苦，实际上离真正的"苦"很远。

不必总觉得要让身体恢复到一个什么样的状态才是一个良好的状态。你可以今天不见某个人，但是到了你们相约见面的时候，你就应该带着好的精神状态一起上路。

展示你的能量

讲一个歪打正着的个人经历。

也是很久远的时代，我刚到北京发展。老家来了一位校友，校友带了很多家庭条件不是特别好的同乡，想来北京找点活儿干。

他当时找到我，我问了一圈人，的确是帮不上什么忙。

我内心有些过意不去，于是就带他们去一家特有名的餐厅吃招牌菜。

当时花了不少钱，结账时，大家没想到这么多，都不想让我一个人掏钱，于是纷纷表示愿意自己出钱付账。

我实在不忍心他们不赚钱却要花钱，于是就赶紧说："不用担心我，我认识这家店的老板……"后面的话我就不肯说了。

大家听了，马上就不争抢着付账了，这也是我愿意看到的情形。

其实，我的确见过这家店的老板一两面，不过不熟，所以我也没有说后面的话，但是大家以为我可能有关系、能打折，或者可以少花钱。

告诉大家，那一顿饭，基本上花了我半个月的工资。后来的半个月，我都是在很窘迫的状况下度过的。

有意思的事情发生了，有的老乡回老家之后，不但描述了我的盛情款待，更重要的是，还讲了我如何有本事，与大餐厅的老板如何熟悉，如何吃饭都不用花钱……

就这样，有个生意人通过这些描述找到了我，问能否介绍他与这家餐厅的老板认识一下。

没办法，我只好硬着头皮上，没想到很顺利地把老板约了出来。更妙的是，两个人的生意居然谈成了。此后，我真的成了这家餐厅的贵宾，吃饭真的可以打折了。

这个事情在我的经历中算不得大事，却让我很真切地体会到：一个人该如何使用自己的钱，去给自己铺未来的路。

花一部分小钱为你造势投资，可以得到未来的大回报。

为自己投资

很多人觉得有的投资投出去，未必能很快看到效果。

我们得承认，很多东西的确没有那么快得到，因为好的东西往往需要等。

我常常见有的年轻人买大件昂贵的生活物品时，眉头都不皱一下，但是遇到买书之类的小事时就会变得非常犹豫，还有的人干脆只借别人的书看。

你不愿意花钱，通常意味着你不愿意对这件事情投资。

比如，看书是投资自己的头脑，但是不愿意花钱买书，在一定程度上意味着你不想把钱花在这里，这就容易让你读书的效果变差。

书并非“非借不能读也”，每件事情要根据具体情况而定。

再比如，你不愿意花钱在你的服装上。这有可能意味着你对自己的个人形象不在乎，也意味着你不在乎自己在别人心中的形象，更不在乎为什么机会一步步远离你。

其实，买件好的衣服，能让你既舒服又有好的形象。从投资的角度来说，并不亏。比如以前只花50元买一双鞋，如果经常穿，以50元的价值来衡量这双鞋的质量，这双鞋大概能穿两个月的时间。如果你花钱买了双质量更好、价格更贵的，如果按一年来算，鞋子的价值也相应增加到6倍，也就是300元一双。如果一次花300元买一双可以穿一年的鞋子，关键是300元的鞋子穿起来肯定比50元的鞋子舒服，还有可能给你招来品位相当的优秀人脉。

每个人都不傻，都会算自己的投入产出比，很少有哪一个牛人，在不花费金钱和精力的基础上，发展出了好人脉。

你认为你的钱应该花在哪里，就花在那里，坚持下去，那就一定会有效果。

也许你的回报未必以你想象的方式，也未必以你设计的方式得到，但是你做的每件事情，最终都会回馈到你身上。

合作是一门艺术

合作就是合理控制

只有付出利益，才能交换到利益。不付出，靠职权控制是形成不了合作意识的。

什么是最好的合作？就是合理控制。每个人都有自己可控制的资源，每个人都需要做出应有的贡献。

如果你要跟人合作，你就得问一问，合作的利益点在哪里？关键点在哪里？我能不能控制？

如果别人给了你全部的控制权，任何事情只要你拍板和决定就可以了。出现这种状况的时候，不要以为自己很牛。实际上，你远离了人际关系的本质。长久下去，你成了“控制狂”，就别提通过合作建立自己的人脉了，因为当一切都在你的控制之中的时候，你就只是在雇用几个机器人替你干粗活！最傻的人是你自己。

当然，如果你全都不能控制，那么你就是在替别人的理想打工。你需要检讨自己，是否在工作中已经机械到别人都不愿意告诉你“为什么要这么做”的地步了。

合作是一门艺术，不论和谁合作，你都要分析一下，这一次，你的利益在哪里？你能控制多少？你能为对方带来什么？他人为什么选择了你？

分析得越多，越有利于你把握事情的本质和走向。

先兵后礼得感激

每个人在团队中发挥的能力不一样，有的人起主导作用，具备最好的执行力；有的人成为主导者，是最能影响格局的人；自然还有人成为团队中最吃苦耐劳，却往往被忽视的角色。

能力不同，格局便不同，但是无论扮演哪一类角色，都应该争取自己的合理地位。

建立自己的威严是非常重要的，因为有了一定的威严，你工作起来遭遇别人的强势、被人随意指使安排的情况就会少。

毕竟工作中总有杂事，应该谁来干？大家都该循环分配。

如果每一次都是你来处理杂事，就要检讨你在哪个环节出了问题。是不是一副好欺负的样子，让大家觉得你适合做杂事？还是你总是关注细节，忘记了团队的发展目标？

人的关注力和精力都是有限的，只干杂事就只能越来越被边缘化。

正确的做法是，遇到被分配杂事的情况，不必盲从，也不要拒绝，应该问清楚："下一次，还会继续分配我做这类性质的工作吗？"

不要小看问这一句话，这一句话就亮出了你的威力。貌似你只是询问工作，但是给了别人一个信号：我可以大度到被分配做不重要的工作，但是我不会一直这样。

有人之所以无法说出这样的话，那是因为这个人的自信感不强。在一个团队中，发发快递、写写汇报邮件、给大家订餐……这些工作最简单、最安全。

可是你真的想永远这样下去吗？

工作是锻炼出来的，没有一个压力施加下来，你永远不知道自己可以多优秀，自己可以变得多优秀。

最后一定要说的一句是，如果你有机会从事重要的工作，一定不要放过机会去尝试，因为即使失败了，你也没什么可失去的，仍可以心气平和地继续做手头的工作。

成功的路永远不是选择出来的，而是一步步走，一步步试出来的！

轻信他人就是挑战自己

合作的过程中，不相信同事是不行的。

这是我以前常说的，不放心把自己的后背交给战友，就打不败眼前的敌人。

但是任何事情都要适度，如果需要你小心戒备的时候，你自恃与战友关系好，不小心踩雷，你以为战友一定会背着你前行吗?

不要轻易有这种勇气。我有个朋友，接管了一个分公司，他做事颇有些江湖气，雷厉风行，手下人也很服他。

可是有一天，他开除了一个不合格的员工。这个员工居然给总公司写信，信的内容有的是无中生有，有的是添油加醋，总之，把朋友检举了一番。

其实朋友的业绩有目共睹，可是正因为他能力超强，平时不加收敛，所以有小人作祟。公司大老板居然找人来朋友这里调查情况。

朋友和我一起吃饭的时候聊到此事，我劝他提高警惕，该做下属的工作就得马上做。可是朋友说："这种事儿，没关系，我手下不用嘱咐也知道该怎么说。"

事情过了一个月，朋友被降薪了！

他一脸郁闷地来找我，问我为什么当时就预感到事情不对劲儿。我说："第一，离职的员工说老板的坏话，虽然这种事很不道德，但是很常见，谁都容易理解。那么，为什么上面还专门找人过来调查？一定是有其他人添油加醋，才导致这样的结果。第二，总公司来的人心理状态是这样的：他们来的时候毕竟是带着任务来的，本意上他们希望查出点什么，证明自己确实没白来，证明他们自己投入了工作。但是如果你会做人，稳定住周围的人心，他们自然会空手而回。第三，你的下属是个很大的问题，当有人随便说说你坏话的时候，凭你的能力，谁也不敢附和。可是上面不支持你了，他们不知道风往哪里刮的时候，就会有不同的人，出于不同的目的来算计你。"

看到朋友很烦心，我告诉他："现在的这个错误犯得很及时，早解决想不到的问题，就不会等到出大错时收拾烂摊子。此刻知道工作中的关系以利益为先，一切没那么牢固，以后自然可能站得牢固。"

这句话让朋友从愤怒中慢慢抽离出来了。我接着帮他分析，其实总公司还是信任他的能力，因为降薪这件事情并没有动摇他的根本。但是如果是降职，那就麻烦了，一定是有人希望借这次机会来顶替你。如果有了这么大的利益驱动，一切将不堪设想。

作为一名职场观察员，我总是看到很多人讲“在职场，如何不可被替代”。每次听到这样的说法，我都希望人们能把这个当成未来发展的目标，而不要误以为凭自己的能力，已然具备不可撼动的地位。其实没有任何人不可以被替代，“小心防备”比“以身试雷”好得多。

有能力让客户对你忠诚

投递名片留印象

人们在一天中，会与很多人擦肩而过，由于工作原因也会接触很多人，你会记住其中几个?

有个故事讲的是，有人为了给别人留下印象，特意在一场选秀节目中，把领带搭在了肩膀上。他这样做，果然赢得了评委的好奇和关注。

想让别人记住你，名片是介绍自己很好的方法。

我的很多朋友都有多个头衔，于是每个人不只有一种名片。这样对于不同的人群有不同的投放，能起到不错的效果。

递交名片的常规方法，标准姿势是正面面向对方，双手奉上，眼睛看着对方，面带微笑，大方地说“这是我的名片，请多关照”之类的客套话。除此之外，还要注意常规事项，例如递交名片的时候，要按职位的高低，或由近及远，挨个送，不能中间跳过感觉上不那么重要的人。

当然，还要注意递名片的时机，不要过早地发送名片，过早散发热情会引起别人的不舒服。还不能在用餐时发送名片，因为这个时候适合社交，而非商业性的活动。

此外，这里还要教大家一个方法，在合适的、不嘈杂的场合，给客户递名片的时候，不妨给客户讲个故事，这样就能给客户留下深刻的印象，让他记住你。

讲什么故事呢？递名片是个短时间内完成的动作，应该把握几秒钟的时间，不能长篇大论，可以讲讲自己名字的故事。例如："您好，这是我的名片，我叫陈轼。这个名字是我爷爷给我起的，他一生崇拜宋代大家苏轼。他告诉我，'轼'原本的意思是车前一块没有实际用途的木头，但是苏轼却是几百年少见的奇才。他给我取这个名字，希望我能有所成就。"

放心，当你生动地介绍完自己的名字时，你的名字一定会被对方记住。而且，介绍和自己名字有关的故事，有个非常大的好处就是，你不会被别人打断。

当客户需要这笔业务的时候，对你有需要的时候，你猜猜他会不会想到你？

对客户说“这不适合你”

在你拜访客户的时候，你会筛选客户吗？

大部分人都急于成功，急于结交成功人士，可是在这个过程中，他往往容易忘记筛选客户。

要知道适合自己的，才是最好的。

有的客户虽然很富有、很有实力，但是他不是你的“菜”，应该学会放弃。还有的客户选择合作方的时候，态度也是不成熟的，属于不明白自己要什么的人。

就“品牌”的问题，当年我曾问过我尊敬的一位老师。

他有个观点非常有意思，他认为不论做什么品牌，先找到有价值的客户是最重要的。当时，我没有懂得有价值的客户是什么意思。

老师告诉我：有价值的客户就是不会因为价格，而放弃这个品牌的客户。也就是说，当你降价，他会购买，因为他认可你；当你涨价，他还是会购买，还是因为他认可你。

老师的这番话，让我在这么长时间的阅历中体会得越来越深刻。

因此，我也总提醒那些发愁为何总有伺候不好客户的朋友，不要担心，也许是因为有的人本来就不是你的客户。

一个人的精力是有限的，在某一段时间内，他所能服务的客户是有一定数量限制的。当一个人把不属于自己的客户放到自己篮子里的时候，就意味着要挤压那些真正有价值的客户的空间。

这个世界上有太多的人，也有海量的信息，你要准确判断你适合哪一类人群。如果找不到这群人，你就无法有的放矢。

当那些不是你的客户来找你的时候，你会如何做呢？如果你有足够的判断力，你会不会有勇气说："对不起，这个不适合你，因为……"

如果你敢这么说，那么恭喜你，这个本来不属于你的客户将变成你的客户，因为他有可能给你介绍真正的客户。

客户爱发火，不是针对你

当客户冲你发火，你确定不是你的责任，或者是他一反常态、小题大做时，你该怎么办？

大部分人心理上想要克制，但总是忍不住，这是因为客户的发火伤及了你的面子，你觉得他在针对你。

当一个人对你没有恶意，却真冲着你来的时候，你要做的第一个动作是将挨骂的这个行为与自己的人格相脱离。要知道，他只是在对产品表示不满，或者这个可怜的人已经在哪里受了一肚子气无处释放，只能在你这里表示他的委屈与愤怒……

所以，你只需要保持平静，然后脑袋里想着你该想的事。听他说完这件事情，相安无事后该干什么干什么。

当你发现客户闹情绪、想吵架，或者指责你的时候，不要总是去说这样的话："你先冷静，你先听我说……"因为他在愤怒的时候，不可能去听你说什么，他可能会粗暴地打断你："如果是你，你能冷静吗？"

所以，先迎合情绪，再治理情绪。在商业上，个人情感的输赢没有实质意义，你和客户所追求的是在双方利益均实现的基础上取得双赢的局面。

例如，当客户批评你推销的产品使用不到三天就坏掉的时候，你可以先说："我能理解您的感受，换作是我，我也生气。您具体和我说一下情况吧……"客户的情绪得到了理解，自然就能冷静。

最后，当问题解决、情感冲突缓解后，有些象征的体态语言往往会起到意想不到的、使局面发生逆转的作用，如与对方握手等。

用行为表示道歉是谈判中成本最少，而回报最高的一种方法。

人和人之间只要开始对话，就进入了一个对话系统。进入到某个系统中的时候，要有自己的话题，而不能随着对方的话题走。这就像一些明星为什么反感和记者聊天，因为当他们进入记者的提问系统中时，他们就一步步走进了记者提前设计好的问题中。无论他们怎么回答，记者都能够按照自己想要的东西，写出一篇报道来。

原因是什么呢？谁设计话题，谁就有控制权。

不要进入别人的语言系统，有时候要主动打断你不希望继续进行的话题，维护自己的思想。这让你不会轻易对别人说出自己的秘密，也防止你被自己说出来的话套牢，自己挖坑自己跳。

在工作中，正式的场合一般不会引起越界和透露秘密的问题，只有非正式的场合，与同事私下在一起的时候，才会出现问题。据我长期对职场的观察，大部分职场人私下的时间是不愿意和同事一起参与休闲活动的，只有公司组织集体活动的时候，才被迫增加与同事的信息交换。

公司组织集体活动对于拉近同事之间的距离非常有好处，可是对于个人来说，为了不在这类活动中过多透露个人的信息、造成和同事交往的压力，我给读者一个好的方法：白天可以和同事聊心情、聊天气；晚上如果过了11点，最好闭上嘴巴睡觉。

因为过了11点，人的意识就不受控制了。如果没有准备好可以交换的假秘密，你就会不自觉地把自己的心声说出来，不论你对眼前的这个人是否有足够的了解。

让别人成为感恩的人

再修复的关联

有读者曾经问过我这样的问题：他悉心经营与他人的关系，仗义疏财，也舍得为别人付出，可是，为什么他总是遇到一些不知道感恩的人？这些人没有把他放在心上，也没有时常联系他。他发现，他帮助过的大部分人都在默默远去，消失在人海……

我能懂得他的心情，这个问题不好回答。讲一段我自己的经历吧。

大学期间，我在物质上曾帮助过几个生活条件艰苦的同学。大学毕业之后，大家忙于生活也慢慢失去了联系。我能够理解的是：一方面，每个人都有自己新的生活课题，大家真的很忙；另一方面，还有可能是这几个同学如此辛苦，好不容易一步步成为白领，过上体面的生活，也许他们不想过多与我联系，是因为有可能我的存在，提醒了他们曾经有过一段比较艰苦的大学时光。

无论怎样，各奔前程而已。大家大概有四年的时间完全失去了联系。

后来，我的事业有了起色。慢慢地，我在同学当中因为做事靠谱、待人不错，有了一定的口碑。

这几个同学一起联系了我。他们都很真诚，说无论怎样都要一起吃饭。

见面吃饭的时候，大家都很感慨，但每一个同学都不约而同地提到了我大学时期对他们的帮助，提到了自己当时的窘迫，提到了同学之间那种纯粹的帮助与交情。

也许有时候，不是这个社会人情冷漠，而是我们自己不够努力！

感激是种结交手段

经历的事情越多，一个人对事情的态度可能就会变得越温和。我不觉得老同学们对我说的话有什么不真诚的地方，我相信他们的感谢是内心里一直都有的。

当然，以前他们把这种感谢放在心里，现在是什么让他们觉得有必要把这种感谢拿出来“晾晒”一下呢？

我心里越来越清楚的是，在这个世界上，当感激都可以成为人与人之间交往的一种方法的时候，你总要靠一些什么来让一些人想要接近你。

如果一个人够强，哪怕他并不用付出什么实际的行动去帮助别人，都有可能经常收到一封感谢信，感谢他的精神。他的存在本身就是一种榜样的力量，这也是一种帮助。

所以说，当发现别人对你缺少感恩心的时候，你要看一下自己当下是否在走上坡路。只要你咬紧牙关，坚持往上走，走到某一个点的时候，总能够重逢一些人。

反之，如果你发展得不是特别好，那么，你就会发现自己曾经帮助过的人都慢慢地和自己走远了。不是别人不知道感激，而是生活真的很现实，每个人都要在现实的社会中趋利避害。这并不庸俗，我们也不应该去强迫别人成为道德上的完人。

我们自身越努力，价值越大，别人就会越珍惜我们的付出，因为怪这个世界太冷漠是无济于事的，不如让我们自己更努力！

学会忘记，轻松上路

很多时候，我会提醒自己，请忘记自己对别人的帮助。

尤其是当我们感觉对别人的这个帮助很大，可在对方人生的长河中，它有可能很大，但也有可能很小的时候。

有个不算太熟悉的小男孩来北京，他找到了我。虽然不太熟，但我还是尽可能地帮助他安排了生活上的一些事情，例如帮他安排住处，让他暂住在我一个朋友的房子里。

他找到工作之后，就顺利地搬出来了。有一天，我到朋友家时聊起这个小男孩，我们发现，自从他搬出朋友的房子后，我们俩都再也没有收到过他的信息。他也许刚来北京，还不懂得能有人提供自己的房子给他借住，是帮了一个不小的忙。

于是，我们总结出还是我们的心态有问题。也许只是我们自己觉得，能够给别人安排一个住处，是帮了他很大的忙，可对小男孩来说，并没有那么重要。如果不能够给他安排，他多花些钱住宾馆，也不会无容身之处。他未必一定要对我们有多感激。

这也是正常的，有可能是我们把自己做的一些事放大了，这样反而容易误会别人。

无论怎么样，我们对一个人的好，出于自己当时的意愿，自己愿意去帮助他，很自然地做出来之后，就要学会忘记。

忘记不是为了利他，而是为了利己。

当我们对一个人有所期待时，情绪就会被对方所绑架，而当对方没有给出你所期待的回报时，我们内心就容易产生一些后悔的情绪，后悔自己当初为什么帮他，后悔自己当时不明白对方是个怎样的人。

这些“后悔”的心情，对自己的伤害是最大的。它会消磨掉一个人的自信和一个人做决定时的坚定。

第四章

开发新资源，不被老圈子限制

坚持自我不等于封闭

软实力影响你的圈层

没有方向感，圈子成圈套

约见是项大工程

自恋的人不易被感动

看出对方的隐秘心思

让时间帮你成为最对的人

让各色老板都成为资源

让你做的一切都自然

坚持自我不等于封闭

别给封闭找借口

“宅男”“宅女”越来越多，“宅”是人们在当下忙碌又疲劳的生活中追求的放松方式。

“宅”成为偶尔的安排，用来休养生息不错，可不要演变为习惯。大家会发现，越重要的人，越可能被安排一些饭局，他就越习惯同别人一起吃饭、一起交流，尔后他就会变得越来越重要。

如果一个人对自己的事业有上进心，希望自己能够做得更好，就要行动起来，让自己多和别人建立起联系，而且还要注意和不同的人交流和联系。

要知道坚持自我，走入合适的人群，越来越发现自己，而不是封闭自己，不与人交流。作为一个年轻人，你知道比你年龄大的人怎么思考一件事情吗？你是否因为从小学到大学接触的人都是同龄人，而习惯把自己固定在某一个圈子里，失去了对人情世故丰富性的体察？如果是这样，初次踏入社会，你一定会感觉非常茫然，因为接触的不再是同龄人了，打交道的人也非常复杂了，这会让你陷入迷茫。

所以，要有意识地避免“越宅越懒，越懒越宅”， 就算天上会掉馅饼，也需要你跑起来或者伸出手去接住。

不为自己的封闭和懒惰找借口，走出去看看，你会有不一样的感受。

也有很多人说在网上聊也能增进人脉，在我看来，上网只是其中的一个途径而已：网上聊千句，不如一顿饭。

低调需要资格

选择低调是要有一定资格的。当你的实力让所有人仰慕的时候，你才能够低调。有些大人物会先判断你对认识他是否有足够的热情，来决定与你以后如何交往。孤独是高手的游戏，如果你还没有达到高境界，孤独这杯酒，你是端不起来的。

尤其是在公司里，更不能孤僻，也不能太低调，要敢于表达自己。在你表达的过程中，可能会与别人产生一些摩擦，但是这些摩擦是有意义的。如果没有这些摩擦，别人以为你的性格就是怎么样都行，等到你真正要下决心做一件有意义的事情时，你会发现，大家对你的配合度不会很高。

平时可以不张扬，但是却要有自己的坚持，在语言表达上要温和而坚定，当你敢于表达自己想法的时候，别人才会认真对待你。

那么，如何做到温和而坚定呢？要开放你的心，说你真实观察到的事情。

无论在什么情况下，尤其是在着急上火的时候，不要因为一时气话而落人口实。例如，一件事情明明是对方错了，对方没有听你的劝告，结果犯了错误。那么，你就要敢于表达你对这件事情的不满意，并有理有据地沟通这件事情。

千万不要这么说："全都怪我，怪我对你太心软，才出了这么大的错。"也许你的本意是好的，很好心地想替对方把尴尬化解掉。但是，这样导致的结果有可能是对方说："对，就是因为你开始的时候没有严格要求我，我才会马虎。第一责任人就是你。"

你应该说："我提醒过你注意这个问题，可是你有自己的安排。不过既然出现了失误，现在让我们想想如何妥善处理这个错误吧。"

除了发生错误的时候如此，平时开会需要发言的时候，也不要太低调地说一些伤害自己形象的话，例如，领导让你发言，你可以直入主题，但是不要说：“我的想法是很肤浅的……”

谦虚和自我贬低是两回事。你要相信自己说出的每句话都有价值，不要过度为自己表达的意见做注解，这样只会让别人听不到你真正的见地。

以事为先，突破自己

有这样一句古训“多一事，不如少一事”，然而要分情况，来选择是否参与一件事。在能力范围内多承接一些事情，你自然就会逼迫自己突破自我。

给大家讲一个故事。我一个朋友开了一个小公司，在业界并不是很知名。一个偶然的机会，他参加了一个媒体的活动，他天性中积极的一面就发挥了出来。

其他的企业家参加之后，都是一副“我是被请来的”的样子，仅限于配合主办方的活动而已，而朋友甘愿往自己身上揽事。因为他在创业之前也是一位媒体人，所以他和主办方有着非常好的互动，并私下里去找其他人聊天。休息的时候，他提供了一些参考性的意见给主办方，并能动手帮助主办方布置一些细节。

活动期间，朋友一直如此，高调地提出意见，并主动帮助对方。

就这样，活动很顺利地开展，活动的规模也越来越大。在其他企业家开始意识到这个活动可以植入广告、投入资金赞助的时候，朋友的名字已经出现在了赞助方的一栏了。当时，朋友并没有支付大量的资金，就被主办方誉为“战略合作伙伴”了。

有一些能为朋友公司宣传的活动，主办方当然想到他了。水涨船高，朋友的小公司开始具备一定的知名度了，更多的人对他的信任度开始增强。

可以说，他以最小的成本，办成了一件推广自己公司品牌的大事。我做了如下总结：先做事，再成事；先付出，再得到。

软实力影响你的圈层

影响他人的能力

人们通常认为一味埋头苦练就会成功。

环顾周围，刻苦努力的人太多太多，为什么他们没有成功？

于是，又有人说："努力没有用。"

其实，努力有用，但要看在哪个行业、哪个环节才能发挥作用。

拿销售人员来说，埋头苦练不如抬头看路。不看看成功的业务员如何做销售、如何拿单，自己就永远"勤劳而不富有"。

毕竟，影响他人的能力不在于你背了多少产品的知识，而要看对方是否愿意听你说。

有一个年轻人曾向我抱怨命运的不公平，他从事的是销售工作。他发现，在工作中貌美的女性总是占很大的优势，运气也总比他好。

我让他讲具体的情况，他说自己除了睡觉，把其他的时间和心思都放在了工作上。为了拜访客户，他几乎从来没有休息日的概念。

可是，他的一个女同事就不这样了。这个同事平时的生活非常悠闲，业余生活也非常丰富，K歌、肚皮舞、高尔夫她样样精通，每次谈业务，一切都进展得超级顺利。

我问他：“你的女同事有什么特点呢？”

他不以为然地说：“就是靠长相漂亮、会跳舞、会唱歌来哄客户开心，然后就签了那么多单子。而我的每一张单子都是自己辛辛苦苦跑六趟以上用汗水赚回来的！”

听完这句话，我又问他：“那如你所说，你们公司的这位大美女只是利用了自己的美色同男性大客户签单？”

他说：“也不全如此，也有很多非常有实力的女性客户和她签单。她和人家东拉西扯，总聊一些没用的废话，不过最后也能签单。”

听到这里，我完全明白是怎么一回事了。有时候，女性优势是很重要，因为女性具有善于表达、性格温和等特点，更加适合服务客户。但是他不明白的一点是，任何一个人在签约的时候，都是由感性转变为理性。他的女同事在业务方面并没有手软，只是她除此之外的亮点更加突出。

个人形象当然重要，爱美之心，人皆有之，但是还有这样一句话说得好，“长得漂亮是优势，活得漂亮是本事”。一个人要想成功的话，最关键的因素应该还是个人素质。女性在同性中很容易有排斥感，但是就在这种情况下，漂亮的女销售员通过最巧妙的沟通，赢得了信任，排除困难完成了任务。

有时候，知识准备得再好，也不如表达能力好，因为你总不知道天上哪块云彩会下雨。

多个技能来傍身

诗人陆游在他逝世的前一年，给他的一个儿子传授写诗经验时，写了这么一句：“汝果欲学诗，功夫在诗外。”还讲到他初作诗时，只知道在用词、技巧、形式上下功夫，到中年才领悟到这种做法不对，诗应该注重内容、意境。陆放翁在另一首诗中又写道：“纸上得来终觉浅，绝知此事要躬行。”可以看成是上句的绝佳注脚。

工作中也是如此，很多事情看似是与他人交往中的沟通出了问题，实际上还是自己准备不够，不是专业知识不够，而是生活中储备的知识不够。正如曹雪芹所说：“世事洞明皆学问，人情练达即文章。”

如果有人问你：“我们一起钓鱼去吧？”

你说：“我不会。”

如果有人问你：“我们一起去KTV吧？”

你说：“我不会。”

如果有人问你：“我们一起去……”

你说：“我不会。”

那么，不是对方不给你机会，而是你堵死了对方通向你的门。这都需要锻炼和日常训练。主持人蔡康永说得好：15岁觉得游泳难，放弃学游泳，到18岁遇到一个你喜欢的人约你去游泳，你只好说：“我不会耶。”18岁觉得英文难，放弃学英文，28岁出现一个很棒但要会英文的工作，你只好说：“我不会耶。”人生前期越嫌麻烦，越懒得学，后来就越可能错过让你动心的人和事，错过新风景。

为了更好地和别人沟通，你的业余生活不应该是睡懒觉，或者泡酒吧，或者是“宅一整天不动”，而应该花一点时间去修炼自己的艺术才能，这才称得上“内外兼修”。所以，请花一点时间去认认真真研究“趣味”这件事。

例如，在与重要的人一起就餐之前，可以先从美食书、网上搜寻适合的餐馆，通过对食物的精心选择，显示出自己的诚意。当然，如果只注意这些，你就会把更重要的语言交流忽略了，那就完全是本末倒置、得不偿失了。

吃一小时的饭就要用足一小时的交流时间，吃两小时就该用足两小时的交流时间，因此，你更需要准备足够多的信息来制造“愉快的话题”，这也更能使这顿会餐物超所值。

别总想着临时抱佛脚了，给自己放个假，多点趣味，培养一两个业余爱好。不但你的心态会变好，事业也会添惊喜。

样样会，样样有机会

软实力会让你所在圈子里的人更加欣赏你。

拿出一定的时间修炼软实力是必要的。在现代如此忙碌的节奏下，周末一些看似与职场毫无关系的特长培训班，如舞蹈班、插花班、茶艺班、歌唱班等，都是学员爆满。

为什么会产生这样的现象呢？因为职场人越来越发现交际中若歌唱得好、舞跳得棒，公司活动时正好有了展示的机会，某种程度上也为个人创造了更多机会。

想想看，一名刚踏入工作岗位的新人，在工作经验上，他显然是薄弱的，不能给别人提供价值，那么，他怎么让别人关注自己，同时又不让人觉得他哗众取宠呢？如果他懂个小魔术，利用午休时间，给大家变个魔术玩，一下子把大家的兴趣都调动起来了，与他人的话题也会越来越多，距离越来越近，融入团队就不再是什么困难的事情了。

对于做业务的职场人士来说，你所服务的对象是社会上的高端人士，你推销的又是高价格产品，对服务对象而言，这个购物的过程不可能是买一瓶洗发水，问一下成分、闻一下味道这么简单。拿销售挖掘机的人员来讲，挖掘机不同于一般产品：第一，购买者购买挖掘机的出发点是作为一种生产资料去赚钱的，因而能否赚到钱是其考虑的第一因素；第二，挖掘机是高价值产品，因而购买者在确定是否购买的时候，要考虑很多其他方面的因素。

客户一定不会像购买快消品或生活用品那样，只需要做出简单判断之后即可做出决定。此时，业务员和客户之间打交道就放到了主体的位置上。能够打动客户，就能够成功。

这个过程中不难发现，挖掘机作为产品的资料背景，人人都可以熟练掌握，刻苦的业务员你让他倒背如流都可以。可是，这些死记硬背的知识，在和他人打交道的过程中能发挥多少作用呢？靠这些真能打动人心吗？

我认识一个销售奇人，他是我的一个朋友。他达到的成交率令和他同样参加培训的人望尘莫及。更令人震撼的是，他对“基础知识”的掌握不但不牢固，甚至还比不上销售业绩排最后一名的同事。

原因出在哪里呢？我的这个朋友最大的特点就是“有趣”，并能创造时机，抓住时机。这里的有趣不是指“能吹能侃”，因为对于大客户销售而言，“能吹能侃”反而让人感觉不踏实、不放心。

朋友的趣味表现在和他的那些腰缠万贯的大客户接触，他懂得很多知识。

朋友平时生活中就趣味广泛，无论是健身训练、养生知识，还是居家知识，他都懂得不少。他去拜访大客户时，和别的同事不同，与他同行的人总是精心准备好内容，见了客户就推销产品。而朋友则不然，他每次拜访客户，都带齐资料，见了客户，总是很轻松地把资料递上，然后说：“这都是大产品，质量问题有保证的，各种手续、资料都在档案袋里，您可以随意检查。我今天来，有个发现，就是您客厅栽种了一棵树，从居家的角度来说……”总是在几句话之后，客户就对他刮目相看了。

没有方向感，圈子成圈套

找圈子别盲目

无论你是否刻意经营圈子，总会不自觉地进入某个圈子中。如果你不自己选择好方向，就有可能进入一个不适合自己发展的圈子。受到消极的影响之后，这个圈子就成了圈套，圈住了你的梦想和积极性。

毕竟环境对人的影响是很大的，举个大学生宿舍的例子来说，常常会出现一整个宿舍的学生都考上研究生的例子，也会看到有的一整个宿舍的学生都兼职打工，还有的一整个宿舍的学生除了上课以外，其他时间集体玩游戏。一个宿舍就是一个圈子，圈子会影响一个人的判断。

踏入社会后，圈子更加重要，因为对于一个人来说，虽然天地是广阔的，但是受体力、财力等方面的影响，他不可能无限地认识人、结交人，固定的信息只能从一个圈子里的人中获得。从这个角度来说，圈子有一定的封闭性。圈子内的人共享一些信息，互相提供一些帮助，而圈子外的人就被隔绝了。

不要盲目到处找圈子，圈子最好能服务于你的职业规划方向。如果有同事引荐你到某一个圈子里去，在兴奋之余，你还要考量一下这个圈子是否适合你。圈子可能是圈套，或对你今后的目标也没有多少好处，只会浪费你的时间、精力和金钱。

有方向地选择你的圈子，要知道这个圈子能为自己带来什么。就如同一些有经验的人培育花木有一套方法，就是把树上一些不能开花结果的枝条剪去，使树木更快地茁壮成长，让以后的果实结得更加饱满。如果保留这些枝条，非但不会结更多的果实，还会让果实减少。还有一些有经验的花匠，他们会把许多快要绽开的花蕾剪去，在剪去大部分花蕾后，花木所有的养分都集中在剩下的少数花蕾上，而这些花蕾就可以生长得更好，开得更艳丽。

对于信息社会来说，不是没得选择，而是可以选择的东西太多了，这样容易让人迷失。例如，你喜欢旅游，就有“驴友圈”，你喜欢篮球，就会有篮球圈。究竟选择什么样的圈子，要看这个圈子里都有什么样的人。当然，你还可以利用自己的资源，自己组成一个良性的圈子。

圈子里也并不安全

有的销售人员就会利用资源组成圈子，因为这属于一个专门门类的圈子，这个圈子是靠所有人都有一些共性而慢慢聚集形成的。这样的圈子可以定期组织一些活动，所有人在一起可以做的互动活动非常多。并且，通过这种专业化的圈子，还能从不同的成员中获得一些重要的信息，有助于事业的开展。圈子前期的经营肯定会花费精力，但是只要坚持，有节奏地保持接触，圈子的影响力就会越来越大，就会吸引更多的人加入其中。

圈子里的人是会互相影响的。等大家熟了之后，你会发现一个特别有意思的事情，就是如果有的客户需要产品，后来没有买这个圈子里的人的产品，他会有很大的情感上的压力，因为在一个圈子里，人品显得格外重要。想想看，不了解你的人在外面到处说你不好，可信度并不高，但是如果和你一个圈子里的人，评价你的人品很一般，那么就会严重影响你的口碑。

对于销售人员来说，这样的圈子经营得当，是能够帮助自己的。当然，这样的圈子刚开始的时候不用把它想得太大，三五个人也可以成为一个圈子。只要利用好相似性，做起生意来就会轻松很多。

进入圈子之后，无论自己的位置在核心还是边缘，都要知道圈子不是一个最安全的环境，在价值观相同的圈子，也得允许每个人都有自己独特的想法。

虽然圈子内的人和你的关系很近，但毕竟他们不是你最亲近的朋友。在职场中，很多性格相近、能力相当的同事走在一起，成为一个圈子，但这并不代表你什么话都可以在圈子里说。

如果你和圈子外某个人有矛盾，尽量不要在你的圈子里传播。这些信息有可能给别人造成困扰，因为“你的敌人未必是你圈友的敌人”。要尽量给圈子里的人提供支持，而不要制造矛盾。别忘了小圈子的目的是让大家能够和睦交流，若就此给别人带来感情上的压力，别人就可能从游离于圈外，最终远离圈子。

丰富比单一好

想在圈子里生存得好，要允许圈子里的一些成员和你之间有差异。有个故事讲的是：寄居蟹和海葵是一对好朋友，寄居蟹通常寄居在空空的螺壳里，一旦定居后，它就会到处寻找合适的海葵，然后将其放在螺壳的入口处。海葵是一个尽职的好门卫，每当它感到危险靠近时，便会展开它葵花般的触手，使得敌人不敢靠近螺壳。寄居蟹没有忘记海葵为自己做的贡献，每当捕到食物时，总会慷慨地分给海葵一些。

这个故事告诉我们，即使不是同类，两种生物也能够友好相处。对于人际交往来说同样如此，你的圈子要有一定的专业性，同时也不要排斥非专业范围内的“圈友”。例如一位室内设计师，他需要吸收很多的知识，要根据不同人的特点去设计不同的房间风格。如果圈内有一些不同身份的人，一位设计师可以去结交这些不同风格的人。这样，当同行业的一些人要求他设计的时候，因为对人有充分的了解，他就能迎接这个挑战。

最后要提醒的是，一个人可能同时存在于几个圈子之中。如果一个人既有专业的圈子，又有篮球的圈子、斯诺克的圈子、“驴友”的圈子等，这证明了这个人在各方面的涉猎和能力。但是如果因为自己各方面都懂，就投入各种圈子，这会导致心理能源的巨大消耗。毕竟圈子也是需要经营的，圈子里还是人与人的交往，只要是与他人相处，就一定需要付出，包括信息、金钱、时间、精力等。过多的圈子就像一张无形的网，这张网会网住你的时间和体力，得不偿失。

约见是项大工程

约见之前做功课

无论约见谁，约见之前都要做足功课，才能够把握好见面的机会，达成自己见面的目的。

给大家讲个案例，一个朋友需要做情感咨询，于是她给不同的机构发去信息，要求看一下报价表和内容安排。大部分的机构都把信息发给她，她一时难以决定，后来她发现有一家机构与其他的不同。在沟通这件事情的时候，对方在尊重她的前提下，问了她几个问题，并表明了解了大概的情况之后，会反映给有关的老师，让老师根据她的具体情况，给她做一个适合她情况的安排给她。

不要小看这个行为，每个人都希望自己在他人眼中是特别的。因为这家机构的不同，朋友锁定了这家让人感觉能够真正关怀到自己的机构。

讲这个案例是提醒大家，要让别人真正对你感兴趣，很多事情是在对方还没有选择的时候，你就要做功课，那就是站在对方的角度来看自己还有哪些可以打动对方的地方，还有哪些需要完善的地方。

对于约见客户来说，不但要了解对方所在单位的需求、企业的市场占有额等基本情况，还要多了解人的因素。例如，你所见的这个人，他在这笔业务中最大的利益点在哪里，这笔业务他是参与者还是决策人，他在自己所在的公司加薪或者升职最大的压力是什么？

很多人常常以为，给客户送东西就能够打动客户。于是，在还不了解客户时，就贸然约见。这样做，已经远离了打动他人的本质。看问题不能偏离本质，就像吃饭喝酒可不是积累人脉的途径一样。应在约见前，多思考、多发现别人的爱好与意愿，这样才能做到：施的人坦然，受的人欣然。

这些信息你了解得越多，见面的时候自然就会表现得越好。

60秒展示出气场

在《世说新语》中有这样一个耐人寻味的片段：魏武将见

匈奴使，自以形陋，不足雄远国，使崔季珪代，帝自捉刀立床头。既毕，令间谍问曰："魏王何如？"匈奴使答曰："魏王雅望非常，然床头捉刀人，此乃英雄也。"

大意说的是，曹操要接见匈奴的使者，但是他觉得自身形象不太好，于是他就让另一个形象很好的人来代替自己，而他自己就拿着一把大刀站在旁边。

接待完之后，曹操派人去问匈奴的使者感觉如何？使者说："坐在床上的人，的确是很有风度的，然而我觉得床头拿着大刀的那个人，才是真正的英雄！"

人们常常用这个故事形容一个人的气场。

气场比一个人的样貌更重要，基本上刚接触的60秒，你是强气场还是弱气场，就能立即被他人感受到。

这里提到的气场并不是一定要你多强势，而是你对自己有多自信。正如《世说新语》这个故事中，曹操之所以样貌一般，却气宇轩昂，这不是装出来的，而是他征战多年，杀伐决断之下对事情拥有了一种强大的操控力而由此产生的一种强烈的自信，也成就了一种"英雄气"。

我们来反推这个案例，人际交往也是如此，你越展示出这样的自信，别人越觉得你有能力驾驭一些事情。

我给大家举一个例子，有人曾经想给我介绍业务。他说："你听说过我们这个业务吧？"我如果回答："没听过。"这对他的自信无非是一种削弱，他可能会对自己所推荐业务的影响力打上一个问号。于是，他不得不重整旗鼓，再次解释。

一个成熟的业务员会这样给人介绍：“公司在今年推出了一个大项目，我负责其中的业务是……”如果这样说，听的人也许会觉得可信度高一些。

这也就是告诉大家，自信是气场的核心，你要建立起自信。你使用的语言、你的体态、你眉目间传达的情绪，都会让你散发出一种力量。这种力量虽然看不见、摸不着，却会马上被对方在第一时间捕捉到，并影响后期的交往。

对于约见客户来说同样如此，要展示一种自信、从容的气场，不妨从自己熟悉的事物入手。讲个案例：有时候，约客户在自己的办公室见面、聊事情，不适合冷冰冰地只谈公事。

我曾经拜访的一位企业家就是如此。他的整个办公室装修得很有特色，体现了他的高雅品位。他的办公室里有茶桌，还有一套昂贵的茶具。他懂茶道，兴致好时，就请人品茶，既有禅意，又有人情味，比起设宴百桌要高明很多。

所以，如果你想在第一次见面就展示出自信的一面，不妨从自己懂的事情入手，设计场景也好，引出话题也好，当一个人做自己懂的事情时，会在不知不觉中散发出一种气场。

合理控制小插曲

我曾听到这样一种说法：恋人之间只要远行一次，回来的时候，就可以确定两个人是会在一起还是会分开。

这也许听起来有点怪，细想却大有道理。它暗含了人际交往中的一个道理：有的人，天天在你面前，你未必读得懂；有的人，你见他千次，未必会发现他的优点，或者他的缺点。

问题出在哪里呢？

当固定循环地重复一个生活内容的时候，我们根本不能够了解对方，只有在发生突发事件的时候，你才能看到一个人的另一面。

见客户更是如此，你是为了开创或者维系人脉而约见的，见面时要警惕一些小插曲，控制得当不影响交往，控制不当就将适得其反。

你约了客户吃饭，你的一言一行、一举一动都将在他的“品味”之中。你如何点菜、点菜的时候是否能够照顾好对方的喜好，对方都会根据你表现出来的修养、气质、品位，在心里给你打分。你的每个细节都在告诉他：你是个什么样的人，你是否经常参加社交场上的各种活动，你是否能够得体地与外界交往。

先来给大家设计一个场景：你的表现非常好，这时突然有个服务员过来倒水，不慎把水洒到了你的衣服上。在服务员道歉之后，你是原谅他还是得理不饶人？要知道，客户虽然和你在同一个桌上吃饭，但他并不是你的亲密朋友，他会借机观察你。

错的当然是服务员，但如果你对服务员大吼大叫，他会觉得自己也没面子，还会觉得你的粗暴暴露了你没有修养的一面。

所以，对待这些小插曲，要合理控制，别忘了你今天的大目标，别忘了你的大局。生活就像一次考试，没有人知道考你的人会观察你哪一点。你所相处的每个人都有可能成为考验你的一道题，所以我们要学会善待别人。

相反，如果你很灵活，让客户觉得你是个与人为善的人，他对你的印象就会有所不同。例如，你与客户在你公司的大厦前停车，前方有“车位已满”的告示牌。

此时，你朝停车场管理员打个手势，面前的拦车杆立刻缓缓升起，你就能找到车位。

因为你平时对这位管理员亲善和气，他愿意在职责范围内给你一些便利。

这就是你的社交能力在小事上的表现。

自恋的人不易被感动

珍惜自己的付出

谁都有机会在生活中接触到一些有名气或者有一定资源的人。

遇到这样的人，如果不能保持冷静，而是迫切地表现出对他们有所求，就容易得不偿失。

对于做生意的人来说更是如此。小王是个业务员，虽然平时谈成了很多小业务，但是他相信“人无横财不富，马无夜草不肥”，他花了很长的时间去结交一位赵小姐。

赵小姐小有名气，住在高档小区里。她也经常参加一些社交活动，小王看到她家满满一面墙都是她与一些社交名流的亲密照片。

小王分析过照片的亲密程度，暗想赵小姐与某位名人的关系一定不一般，拍照的时候她的头都要靠在对方的肩膀上了。赵小姐还结识了一些有名的金融家、著名的地产商，以及演艺圈的名人。再看到赵小姐的日常消费很高、很讲究，小王心里对赵小姐非常崇拜。

为了与赵小姐保持联系，小王知道自己并没有多少经济实力，但是他认为自己有一颗诚心。于是，每当赵小姐需要人帮忙，像收取个快递文件等事情的时候，小王就非常兴奋地帮助赵小姐把这些事情做到一百分。

赵小姐也非常感谢小王，慢慢地也很信任小王，常在小王面前讲她和名人的一些趣事，并“暗示”小王，会在“合适”的时间给小王介绍几个名人认识一下。

小王暗暗高兴。

可是有一天，当小王再次去拜访赵小姐的时候，却发现赵小姐已经搬离了这个小区。

他非常错愕，按理说，赵小姐做得并没有什么错，她与小王没有任何商业合作，也没有义务一定要为小王做什么。然而，赵小姐搬家的时候，甚至没有与小王打招呼，这让小王有了一种受骗的感觉。

小王想到曾经在雨夜里帮赵小姐去取一份重要的文件，想到请假不上班去帮赵小姐做一些生活上的琐事……他怎么也想不明白，赵小姐难道就一点感动都没有？

其实，小王想要结交赵小姐没有错，想让赵小姐帮忙介绍业务也无可厚非，他对赵小姐有所付出也证明小王是个具备行动力的人。

当然，他唯独不该做的是，对赵小姐太“无微不至”，做了很多不该做的事情。从现实的角度来看，利人利己，利益要有双向的流动才正常。比如，小王做了很多事情之后，其实也可以进一步试探地问一下赵小姐，是否可以留一个朋友的电话号码，方便小王联系业务的事情。

这些基础的工作小王没有做，因为小王不懂得，有的人看似光鲜靓丽，但是他的资源实际上你是用不上的，因为他自己可能也用不到。

“花花轿子人抬人”的情况很多，小王根本不知道赵小姐与名人的合照，是以朋友的身份还是以粉丝的身份靠近这位名人的，也不知道这位名人是如何看待赵小姐的，更不清楚他们是否相信赵小姐。

更为关键的是，赵小姐显然以接触到这些名人为自己的骄傲，所以才会贴满一整个墙面，她的自恋显而易见。

按照正常的心理来说，她不可能不知道小王对她的“好”是有一定条件的，她更应该知道这种“好”不是因为小王“宅心仁厚”，而是因为她在人情上有回报的必要。

但她内心里没有尊重过小王，甚至离开的时候都没有给小王留下任何信息。

也许，越是像赵小姐这样有一定资源的人，越能够摸清别人的心理，越敏感于别人对自己的付出。

例如，一个位高权重的人，他周围的人对他的能量一定是敏感的。他身处其中，关乎自身，有可能更敏感。

说回小王，他一心想找赵小姐借力，最终却是白白出力。

因为赵小姐敢于“忽悠”他。名人的“忽悠”有时候比普通人要理直气壮许多，因为他们有更多胆量、心胸、人缘，他的某些成就决定了总是别人理解他、包容他。

有时候，我们会对名人失去原则，试问如果他是普通人，你会用现在的态度对待他吗?

无论你多渴望他的帮助，都请记住：珍惜自己的付出!

真诚不能解决所有问题

真诚在人与人的接触中，绝对是非常重要的。当然，不可否认的是，靠真诚不能解决所有的问题。

例如，当你遇到了“不真诚”的人，你的真诚很难得到同等的回应，只能“我本将心向明月，奈何明月照沟渠”。

小吴诚心诚意地谈了一次合作，已经交了全款，对方却迟迟不肯发货，甚至过了合同期。小吴催促对方，但是对方以各种借口为由不肯发货。

因为促成合作的时候，对方与小吴有所接触，小吴的忠厚善良被对方看在眼里，所以对方没有把小吴的话当回事儿。

几次沟通没有效果，小吴被逼急了，来了一句负气的话："这批货如果本周发不到，我们就没有库房存放了，我办事不力，接受公司调岗。至于你们，违约了，按合同处理的事情将由其他人接洽你们。"

没想到，一周之内，货物准时送到。

有的事情就是这么奇怪，不是对方不公正，而是你不该给对方不公正的借口。

在这个案例中，可能会有人觉得小吴这一招的成功是个偶然，小吴的做法不够冷静、理性、职业化。

不可否认有以上的原因，然而事情成功最主要的原因在于，歪打正着切中了对方的要害。

之前的小吴好言好语、真心诚意地请求对方履行合同，但是在对方看来，小吴的好态度是因为小吴有求于自己。

而后期小吴成功的原因在于，小吴看到了对方的压力。毕竟在一种合作的关系中，双方都有压力，只是我们总是惦记着自己的压力，而忽视了对方的弱点。

当你把自己"安置"好时，对方的压力也就随之而来。这时，反而容易协助你把事情做成功。

辨别轻诺寡信的人

自恋的人还有一个表现，就是他们不是故意要欺骗别人，有可能是为了让别人崇拜自己，还有可能是完全不懂自己的能力究竟怎样。

有时候，有些人总会轻易地夸下海口，给别人一些他们兑现不了的承诺。

这样的情况，我们应该如何处理呢？要学会在与人的交际中，去分辨别人给我们的是诱惑还是帮助。

给大家举个例子，如果你和一个认识不久的人聊天，随意间，他问到你现在从事的工作。

如果你说，你现在没有工作，正在找工作。

他说："这不是什么问题，放心吧，我帮你，我认识不少人。"

也许他的这个回应，是你内心最需要的，你会感觉这个人好仗义，也会相信他，因为他的话符合你内心的需求。

但是稍微理性地分析一下，就会发现其中的问题。这样一个说话随意、不负责任的人，不会赢得负责任的企业和他人的信任，所以即使介绍某个公司，也多半不靠谱。逢酒必喝是酒鬼，爱拍胸脯者必寡信！

什么样的回答才是真正能帮到你的人呢？他会说：“你想找什么工作，你期待什么样的工资待遇呢？”

也许当你回答了这些问题之后，他还会了解一些你相关的知识储备或者经历、经验之类的问题。

即使他最终愿意帮你介绍一份工作，他也会以一种保守和中肯的态度与你商量，而不是轻易承诺你。这样的人才是真正值得信赖的人。

看出对方的隐秘心思

号称排斥的是他想要的

很多人在乎的东西，因为有一些顾虑，未必会说出来，这就需要每个人在与他人的交往中，学会用心体察。

我认识一位很优秀的女性朋友，今年32岁，未婚。由于她事业有成和家庭出身的优越性，接触过她的人都会发现她整个人都散发着骄傲的气息，很少有人愿意与她交流。

曾经我对她也是敬而远之，偶然的一个机会，在一个慈善捐款的活动中，我注意到她是个很善良的人，于是跟她有些交流。她最常说的一句话是：“我不在乎别人怎么看我，我只要自己活得痛快就可以了！”我知道她有一大群女性的粉丝，她们都很崇拜她的这种态度。

不论谁问她是否考虑过婚姻，她都是一副无所谓的样子，表示状态不错，可以一个人过属于自己的精彩人生。

近期得到消息，这位高傲的女士闪婚了。闪婚的对象绝对不在高富帅的行列，据说是一家普通公司的普通职员，一个话不太多的老实人。

两个人是在一次户外活动中认识的，对方不知道她的背景，就是正常地追求她，然后她就选择了婚姻。

一些朋友在祝福她的同时也有不解：为什么一个普通人有勇气追她？

也许，他并不需要多少勇气，只因他没有听到她说的那些“脱离婚姻，完全自我”的言论，所以没有什么压力，就求婚成功了。

这属于一个典型的案例，它提醒大家：一个人说出来、表现出来的强势，未必就能代表他内心的真正坚强。

我以前认识一位商场上以“老辣”出名的企业家。据说，他六亲不认，软硬不吃。与别人说话的时候，他也是一副居高临下的姿态。每当他走在路上的时候，你会感觉似乎整个世界都要为他让路。

就是这么有气势的人，有一次，他接了一个电话后泪流满面，他的女儿患病，前妻不允许他去探视。有传言说，当年离婚的时候，他与前妻为了争房产闹得不可开交。

别人都以为他六亲不认，对家人毫无感情，可是现在他什么都有了，唯独在亲情上有缺憾。我介绍了一位老中医与他认识，他把老中医介绍给了前妻。只要对女儿的病有帮助，他可以遵守前妻的要求——不打扰、不探望。

在我介绍他认识老中医之前，我忐忑过，担心自己这件事是不是做得太多余了，但是后期证明，这个人外冷内热。他总是用冰冷的语气给我打电话，然后给我介绍了一些不错的客户。在我对他说“谢谢”的时候，他也从不啰嗦，也不客气，还是冷冷的。

这个案例告诉大家，虽然有的人外表就是那么冰冷，并且做出一副排斥别人帮助和同情的样子，但是他们内心也许需要的就是这个东西，毕竟人心向善。后来我才知道，他当初要房子的初衷只是要用房子抵押贷款，他的事业只差这最关键的一步就能起步，当然不肯轻易放手。

习惯于冷冰冰的人通常比较现实，甜言蜜语是不会让他动心的。你要学会体察，也许你给他提供的是他真正需要的东西——也许是连他自己都不知道的、真正需要的东西。

瞬间的表情有玄机

古人说：“胸有惊雷而面如平湖者，可拜上将军。”

如果大家细心观察，会发现但凡做大事的人，往往都有点面无表情，这可能是先天的一种淡定的气质，也有可能是后天的一种需要。

有个小公司在谈一个投资项目，双方谈判了很久。为了拿到这笔投资，这家小公司几乎把自身所有的优势都呈献给了对方，显得很靠谱、很真诚。

慢慢地，投资方发现没有什么太大的问题，内部人也都觉得可以把资金投给这个小公司。小公司的人通过找人打探，知道这件事情八九不离十能成。

为了让关系更近一步，双方约在一家高档的大酒店碰面。

当对方说到投资的事情基本上没太大问题的时候，小公司的这位领导和他的一个下属没有表露出惊喜的表情。显然，他们已经知道了这件事情。

可是要命的是，俩人之间互相传递了一个眼风。

这个眼风被对方看到了，对方进行了很多种解读，虽然觉得小公司也许没有什么欺诈的行为，但还是让人在心理上感到不安全或者是不舒服。

我曾经在《攻心话术》中详细地讲过人们有个共同的心理，那就是喜欢自己赢，不喜欢自己输，不喜欢别人赢了自己的感觉。

可是，这个眼风最大的象征意义就是：“赢了，投资的事情成了，我们赢了！”

事情发展到最后，虽然投资的事情最终还是谈成了，但是距离原本要签约的时间整整晚了半年。这半年的时间，投资方进行了更细致的调查工作。

这几乎就是一个瞬间表情的不淡定引发的麻烦。

其实，人们买东西时也会发现，如果付账的时候，卖方显得格外兴奋，买方心里就会觉得自己是不是买贵了、被骗了、吃亏了？

哪怕对方给你的真的是最公道的价格，你还是会因为他的一个表情而怀疑自己的决定。

串联对方的行为

面对捉摸不定的人，我们要用自己敏锐的观察力来发现他真实的心思。

下面举个例子：

小李是一家商场某品牌冰箱的销售人员。

一天，商场来了一位打扮很时髦的中年妇女，她说："给我介绍一下冰箱。"

小李说："您是想看个什么价位的呢？"

她说："我不在乎价位高低，主要是看性价比。"

于是，小李就把她带到了很贵的原装进口的冰箱前介绍。

可是，这位女顾客边听边拿出手机发信息。心不在焉地听小李说完，她说：“不要这些笨重的大冰箱。”

小李就把她带到一批中档价位的冰箱前，又开始介绍这些冰箱的功能和特点。顾客好像并不满意，她的眼神开始游离……

后来，顾客随意说了一句：“我喜欢精致的东西。”

小李把她带到小冰箱（价位偏低的）前，展示小冰箱的功能。显然，这次这位女顾客比较耐心地听完了介绍。

然后，她随意地问：“最近买冰箱有什么优惠活动？”

小李介绍了几个活动。她认真地听完，然后拿走商品的广告页，表示会考虑一下，就翩然离去。

在这个案例中，有心的读者可以通过对这位顾客的语言和行动的描述判断出，这位中年女性也许最在乎的就是冰箱的价格。

无论是因为好面子，还是出于个人习惯，她就是没有说出来。小李开始问的就是对方想要什么价位的，这个问题问得太过直白，她不想说：“我就想买便宜的。”所以，她使用了“性价比”这个词，可是小李居然没有发觉，只是一味地给顾客介绍高中档冰箱。而这个过程中，对方敷衍、眼神的游离意味着对方已经对高价位的东西不感兴趣了。

直到对方不得不说出“精致”这个词的时候，小李才大致找到了方向。

整体来看，在这个销售过程中，不是小李在引导他人，而是顾客在想尽办法引导小李。最终顾客还是走了，因为小李没有抓住“价位”这一核心，正确的做法是“看透不说透”。知道对方可能购买能力没有那么强，小李就没必要带她看高档价位的冰箱，应该说：“家用的冰箱，不用买太大，给你介绍一个性价比非常高的冰箱。”在后期，对方问到优惠活动的时候，小李应该使用时间压迫的方法，帮助对方快速做决定。例如，可以说明在多长时间以内是可以优惠的，或者说如果今天买冰箱，小李正好有一套公司送的多功能厨房用具，可以附赠给顾客。

为什么小李在开始的时候没有领会顾客的意图呢？因为“当局者迷，旁观者清”，小李接触到这位顾客，发现对方穿着时髦，可能感性上就以为对方有很强的购买能力。而如果采用一种串联对方行为的方法，通过分析对方的言行来判断对方真正的需求，就能客观地把握整件事情。

让时间帮你成为最对的人

耐得住时间

打开与别人的交往不易，想要长久维系更不易。我们要懂得把时间变成帮助自己的伙伴，而不是敌人。

有的人会因为你的谈吐、背书，第一时间给你信任；有的人只有看到你通过时间的考验，才会真正相信你。

有这么一个传说：有个叫云寂的和尚已经是垂暮之年了，他知道自己在世上的日子不多了，就把他的两个弟子叫来。这两个弟子一个叫一寂，另一个叫二寂。他们来到方丈室后，云寂和尚就交给他们两袋子谷种，要他们去播种插秧，到谷子熟的时候再来见他，看谁的谷子收获得多，多者就可以继承衣钵，做寺庙的住持。

云寂和尚整日待在方丈室里念经。等到谷子熟的时候，一寂挑了一担沉沉的谷子来见师父，二寂却两手空空。云寂和尚问二寂，二寂惭愧地说，他没有管好田，谷种没有发芽。云寂和尚就把袈裟和瓦钵交给了二寂，指定他为未来的住持。一寂怎么会服气啊，当然不服。师父道："我给你们两人的谷种都是煮过的。"

原来云寂和尚在选择接班人时要看那人是不是淳朴老实，结果一寂玩了小聪明，作了假，二寂却淳朴老实。

这个故事，曾经被一个母亲用来教育他的儿子，听故事的孩子就是李嘉诚。

这让李嘉诚深刻意识到世情才是大学问。据说李嘉诚曾讲："以往99%是教孩子做人的道理，现在也会谈生意，约1/3谈生意，2/3教他们做人的道理。为什么？因为世情是大学问，世界上每一个人都精明，要令人家信服并喜欢和你交往，那才最重要。"

诚然，谁会笨到连自己吃亏都不知道呢？谁会连基本的辨别力都没有呢？

你对自己内心的善意、正直、忠厚坚持得越持久，靠近你的人就会越来越多。

服务之后再服务

判断一个人在未来可以做多大的事，不是看他手头暂时有多少客户、有多强的占有资源的能力，而要看他的客户支持他的时间是否足够长，因为当人们支持同一个人的时间越长，他们就越舍不得退出。

具有忠实度的客户，在社会上给你的正面宣传是很难得的免费资源，他们不但自己认可你，还会把你推荐给他人。

这就要求我们不但做业务，还要做自己，不但服务好一次，还要在服务之后再服务。

给大家讲个小故事：有一个非常勤劳的小男孩，他得到了一份为一户别墅的人家修剪草坪的工作。

小男孩做得非常起劲，这户人家也非常喜欢他。

有一天，这户人家接了一个电话，电话里的人说：“你好，请问你们需要修剪草坪的人吗？”

女主人回答：“不需要。”

电话里的人接着问：“你们这里已经有人修剪了，是吗？我能提供的人很专业。”

女主人再次回答：“他做得挺好，我们不需要。”

电话里的人最后又问："如果我保证价格一定低很多呢？"

女主人平静地说："不，我们觉得目前一点都不需要，给我们修剪草坪的男孩做得非常好，我们愿意给他支付现在的工资。"

当这户人家挂了电话，打电话的人才对自己说："看来，他们对我很满意，我属于能够把事情做得很好的人。"

原来这只是小男孩对工作的自我检测，既考核了服务对象的满意度，也建立了别人对自己的忠诚度。

对待客户也是如此。是不是合同一签，你就立即忘记了客户的名字？这样做是非常不理性的，应该在得到利益之后，适当延长你服务的时间。

不论你向客户推销的是一件大物品、小物品、一个理念，还是一本书，你都需要关注产品后期使用的环节。即使出现问题不需要你解决，只要你愿意关注，客户就会对你产生安全感和好感。他们会感觉你还在他们的身边，你还会履行你的承诺，并且值得信赖！

维护长期形象

对于上班族而言，你在一家公司的表现不能说明什么，别人看你时，会联系你所有的职业表现，对你进行判断。你需要在一个长的时间线上，让自己表现得体。

拿跳槽这件事来说，多数人离职的时候，心里会对原单位或者对以前某位领导不满。可是肆意表达这种不满，只能加速让以往的努力全部变成“沉没成本”。沉没成本是经济学的一个术语，指的是前期已经投入的成本。

在职场中，对于其工作范畴内所投入的精力与智慧，可能短期没有收到效益，但是不断设定目标、不断变换行当、频繁跳槽，总体成本就要高得多，因为样样都得从头做起，以前所谓的沉没成本（积累的基础）就几乎没有利用价值地废弃掉了。

所以，在一家企业供职期间投入的精力、财富不能简单视为已经沉没，它会以不同的形式展现其回报的价值，而继续投入的成本会低于跳槽后再次投入新企业的成本，这一点在人脉方面体现得尤其明显。拿一个人和前任老板的关系来说，单从职业的角度出发，尽量不要再提起过去，这将对日后与前任老板相处大有益处。

曾经有人说："当一个人说另外一个人的坏话时，会有17个人知道。"这也是广告效应的范围。

前几天，一个朋友和他的前任老板终于"相逢一笑泯恩仇"了。他说："其实现在回想起来，让我进步最快的是一个对我最苛刻的老板。他让我承受了很多挑战和困难，也使我成长得最快、学到的东西最多。"

其实，天下没有完美的人，但大部分人身上可以学习和借鉴的东西还是很多的。

如果离职后，你有缘与前任老板见面，一定要尊重他，也尊重自己的过往。表现自然、亲切，会拉近彼此的距离并增进感情，同时又表现出你的大方和职业风度。

毕竟在这个信息流通如此自由的环境下，从我们工作的圈子和人员来看，行业、专业和客户都是有限的，因此，彼此见面和交流的机会会很多。网络的发展更让我们感到"世界越来越小了"，要时刻做好在不同场合与某人不期而遇的准备才行。

离开前可以留下你的联系方式和电话号码，与老板和同事吃上一顿轻松的晚餐。过段时间还可以打个电话保持联系，关心公司和同事的发展，与老板聊聊行业的发展动态，会给你带来意外的收获。

让各色老板都成为资源

老板吝啬有机会

每个人都知道老板是个人事业发展的贵人，如果你的老板有吝啬的习惯，你该怎样抓住这个贵人呢?

这里要分两类来谈，如果你做的是销售类的工作，那么多给老板赚钱就是替老板省钱。

如果你从事的是行政类的工作，那么多给老板省钱就是替老板赚钱。

我曾经看过这样一则材料，该材料对公司节约成本起到了细致入微的提醒。例如接待客人时，一杯水都可以做到节约，因为大部分的客人都不会喝完杯中的水，甚至根本没有喝。如今，倒水给客人很多时候只是一种礼节形式，可以给客人倒半杯水，即使客人喝完了半杯，也还可以再倒。

当然，如果你在公司里能做到给老板节约，无论什么样的老板都会欢迎这种行为的。

公司内部使用的纸张一般都可以正反两面使用，为了不随便浪费纸张，不少大公司都采取纸张正反两面使用的做法。不要小看这一行为，假设一个人一天多用一张纸，一年365天，1 000个员工，就多用了36.5万张。10年下来就节约了一笔不小的开支。

如果你感觉老板特别在意成本，还有一个做事的窍门就是当老板让你去做一件事情的时候，如果在事情完成的同时，能顺便做到节约，在意节约这件事的老板自然会注意到你的节约。例如，老板安排你出去办一件事，你可以打车过去，以保证效率，回来的时候如果没有急事，就可以坐公交车回来。

这些自然的行为都有可能为你招来贵人的关注。

汇报工作好处多

没有一个老板不想知道手下的员工每天都做了些什么。

从正面来理解，老板花钱雇用员工，他内心是有一定期望值的，他心里希望知道每个员工每天都在干什么。

老板的这种心理促使中层管理者的产生。说白了，中层管理者对决策起到的作用并不大，就是替老板监督基层员工的工作，并将工作成果反馈给老板。

一个好员工，他会满足老板的这种心理，即使老板没有明确要求，他也会记录自己的工作日志。万一有一天老板突然要检查工作，这一份工作日志就会帮助他大放异彩。

在接到一个具体项目的时候，一定要注意随时向老板报告当前的进度，一方面能让老板放心，另一方面也可以得到老板的信任。

换一个角度想，你的创意、你的想法、你的方案，还有你在面对困难时想出的所有点子，要想得到顺利实施，一定要取得老板的支持，否则很难推进，不是事倍功半，就是半途而废。向老板汇报工作能让老板明白你为了工作所做的努力。

想想看，有两个员工，一个非常注意汇报工作，一个不愿意找老板汇报工作。当出现一个好的项目结果的时候，老板会更加赞赏注意汇报工作的员工。如果项目结果不顺利，注意汇报的员工更容易得到老板的原谅。

汇报要有合理的方法，职场的人脉关系是有层级的，不可轻易地越级汇报。如果你在直接领导不知情的情况下，向老板报告或请示，老板会认为你别有企图。他可能表面不动声色，私下却感觉你浪费了他的时间，太把自己“当盘菜”。而如果传到直接领导的耳中，他会认为你有意将他取而代之。这就等于是在身边埋了一颗“定时炸弹”，一个越级汇报的动作就把自己推入了最危险的境地。

还要注意的是，和直接领导一起向老板汇报工作时，要注意自己的身份，以直接领导为主，自己最多做补充。同时，按照与直接领导商定的思路发言，即使不支持直接领导的主张，也不能轻易抛出，更不能唱反调。

大部分情况下，都要以直接领导作为终极请示对象或汇报对象。不要太攀高，不要以能与高层交流愉快为目的，要知道逞一时的欢喜，容易埋下轻浮、想出位的印象。

讲究原则无烦恼

听过很多职场人都非常郁闷地问："老板无情，怎么办？"

"无情"不足以界定老板的特点，在我看来，这个词应该是"寡恩"，指的是员工为老板做了很多事，但是老板并没有感激员工的这份付出。老板认为你付出劳动，他给你工钱，这是很正常的交换。

还有的老板翻脸如翻书，让员工措手不及。在他翻脸时，如果员工想要说理由，他不想听；如果员工说从前立下的汗马功劳，他更是一脸不屑。这样的老板，纵然员工对他百般呵护，只要一桩小事不顺他的心，很有可能就会全盘翻覆。

为什么很多老板都这样呢？我一个当老板的朋友说得好，多一点恰当的冷酷对他产生了很大的帮助。不被人情所累之后，朋友剔除了一些不必要的事，而不是犹犹豫豫、瞻前顾后。从老板的职责来说，老板总是需要做决定的，尤其是独立决策，他们做事更多时候需要的是原则，而不是感性的认识。从这个角度来说，老板有那么一点点的冷酷是他所需要的。

朋友还提到了自己的一个员工，感慨现在的小女孩怎么如此精明。这个女孩去日本出差，竟然打了个长途回来，只是为了问他想吃点什么。

朋友向来不好吃，于是就说什么都不用买，但小女孩还是煞费苦心地买了礼物回来。

他感慨道："我们当初学这一套那么吃力，怎么现在的小姑娘这么会工于心计。"显然，这个小女孩让朋友不太舒服，他期待的员工和老板的关系就是纯粹的职场关系。

在这里，我要告诉大家的是，这类老板也许看起来最无情、最让人难以接受，但并不是不可跟随。当代社会，没有原则、太讲究人情的老板容易在商业时代站不住脚，只有"寡恩"的老板，一切以公司盈利为目的，他们才能走得更稳，企业才会做得更好，员工跟随他才能获得长远的利益。

让你做的一切都自然

对他人的好要自然

很多人看起来很普通，可是往往背后有很多个人的资源说出来都会吓你一跳。

这就要求我们在与人的交往过程中，在力所能及的情况下，多替别人考虑一步。你多往前想一步，就有可能多一个机会。

举个简单的例子，当有人来公司找你的同事，而同事不在，你可以帮忙接待一下。如果在这个过程中，你能再稍微表现得好一些，你就可以赢得这个同事的心。

你对来者稍微热情一些，哪怕仅仅是为他倒杯水，对方的心里就有可能会感觉到，因为你的这位同事在公司很有威信，所以你才如此热情。或者就直接理解为，你同事的人缘不错，所以你会如此待他。

无论是从哪一种角度理解你的热情，你态度殷勤一些、姿态稍微低一些，都会帮你的同事在熟人面前建立他的威信。这样，你的同事一定会接收到一些正面的信息，也会非常感激你的好意。

这里还要提醒的是，我们有时候并不知道天上哪一块云彩会在什么时候下雨，不能太过于期待回报马上就能到来。

讲个真实的案例。小陈帮了小董一个忙，小董非常感激，于是就赶紧说："走，小陈，我请你吃饭。"小陈特别开心，和小董一起到了餐厅，点菜的时候也非常"大方"，花费了小董半个月的工资。接下来很有可能发生的情况是，小董的感激随着这一顿饭，实实在在由感激变成了一点怨恨。

我们再换一种设计，小董邀请小陈吃饭，小陈没有去，他这才叫帮忙。因为很多时候，帮忙这件事情，会因为我们要求的回报而变味儿。

就像有的人常常说，别人不知道感激，为什么呢？因为别人觉得，请你吃饭了，给你送礼物了，欠你的还清了，这个忙，就忘了。

还有的人常常会说，某某曾经帮过自己，但是自己并不领情。为什么呢？因为对方不是单纯意义的"帮忙"，而是收买人心。

很多时候，我们不必急于要他人立即回报，人心是很微妙的，当你急于得到这个回报的时候，别人的感激就会越来越少。

等别人对你产生好奇

很多做过销售的人都会有这样的感受：你前期接触一个人，想了很多的方案，设计了很多话术，这样做的根本原因并不是要骗对方，而只是要淡化自己销售的目的，让对方以为你不是在骗他。

晓东是一家房地产中介的员工，他常常会找到一些比较不错的房源。

这当然与他的勤劳密不可分。当大家都偷懒的时候，他会到自己负责的一些小区去转转。

有时候，看到老年人从超市出来，拎着很沉的东西的时候，他会主动过去搭把手。常常有些人被他打动，就会提起小区内的某个房源的消息。

晓东是一个有分享精神的人，他觉得自己得益于此。

有一次，看着他的同事小赵一筹莫展的样子，晓东主动分享了自己的这个方法。

小赵感觉十分有道理，于是他变得勤劳起来，也不在屋子里待着了，经常主动走出去寻找房源。

在小区里，看到有人拎东西的时候，小赵也会主动上前帮忙，可是效果并不好。有一天，小赵累了一天，却无功而返。回来后，他还抱怨晓东："太奇怪了，为什么咱们穿同样的衣服，我去小区里要帮人拎个东西什么的，他们像防贼一样防着我。一个老太太明明拿不动那堆水果了，我一开口、一伸手，她马上就低头走了，都没正眼瞧我一眼。"

晓东也非常好奇这是怎么一回事。

他决定第二天陪着小赵一起去看看问题出在哪里。

有意思的事情发生了，晓东终于找到人们不理睬小赵的原因了。

原来，小赵每次看到需要帮忙的人，就赶紧走上前去，然后特别热情地介绍自己，例如："阿姨您好！我是房地产中介的小赵，我帮您拎东西吧。"

对方一听这话，马上拎着东西走了，头也不回。

晓东不得不亲自示范。看到有人正在搬东西，他走上前说："大哥，我帮你搭把手。"然后，二话不说撸起袖子就帮对方搬东西。

搬得差不多了，搬东西的人主动递了一根烟给晓东，问道："哥们儿，你做什么工作？"

晓东说："我做房地产中介。"

这时，搬东西的大哥非常热情地说："我自己有车，常常帮人搬个东西什么的。这个小区来来回回总有人搬家，肯定有空房子，一会儿我给你问问搬家的这家人，看看能不能给你拉个生意。"

晓东赶紧表示感谢，然后留下了自己的名片。

小赵看得眼都直了，说晓东："你运气怎么这么好？"

晓东说："不是运气好，而是你不能太着急介绍自己。你一说自己是干什么的，别人就以为你是有目的的帮忙。谁愿意承担这种心理压力呢，所以就不理你了。你先帮了人家，人家自然就会对你上心，愿意帮你。再说了，帮不了你也没关系，权当咱们出来运动一下，不吃亏。"

小赵这才明白自己的业务怎么做都不如晓东，他与晓东的差距绝对不是一点点。

不刻意，别人就不设防

社会就像一张网，每个人都是网上的一个结点：有的人非常脆弱，连接不到有价值的人脉；有的人能力却非常强，他让很多人都取得了很重要的联系。这样，他自己也成为了一个有能力、散发能量的连接点。

不要小看这个连接点，当你能够连接他人，当你愿意给别人做管道的时候，意味着你已经进入了一个很高的阶段——就是利用人脉来壮大自己的能量、丰富自己实力的阶段。

我有一个老同学，他生活比较艰苦。工作之后，他常常攒了钱就帮助家乡的两个弟弟读书，没有余钱参加一些社交活动。很长一段时间，我们都没有刻意地联系他，因为有时候，当你觉得一个人的经济状况和你差很远的时候，如果你没有太大的实力帮助他，就不要扰乱他的生活。

有一天，我接到了他的电话。他说想与我见一下面，让我认识一位非常有声望的名人。

听到这句话的时候，我几乎怀疑我记错了自己同学的名字。于是，我又问了一遍他的名字，没错，就是他。

听他的口气非常认真，我觉得无论如何先看看状况再说。

于是，我半信半疑地答应了跟老同学见面。他约的地方很清幽，很安静。当看到他背后的人时，我不禁心里有些触动。我的确没有想到老同学有这样的能力，能认识如此有威望的人。

后来，我和那位名人相谈甚欢，我喜欢不带有任何目的地接触到一些很有能量的人。因为不管你自身条件怎么样，那些能够有大成就的人都会让你学到很多东西。

通过聊天，我还发现，对方非常认可我的这位老同学。这不禁让我重新审视了一下我的老同学。的确，他还是没有过度地包装自己，但是他的眼睛里闪烁着一种很诚挚的光芒。听完那位名人谈起关于老同学的一件事，我才知道，我曾对一些事情存在误解：原来有的人不需要从小经历复杂的生活，就能够有洞察人情的本领；即使他没有显赫的背景，即使他不是学富五车，他也可以懂很多东西，这些东西看似简单，实则高深！

例如，老同学给人的感觉是心思简单，简单到你不能，甚至不忍心去恶意揣测他的程度。他认识一个人，帮助一个人，为别人无私地奉献自己，却让人没有任何刻意的感觉。他从来不会觉得自己付出了一些劳动，促成了别人的合作，就亏了什么。他觉得，在他的促成下，事情成了，自己就赢了，就有成就感了。

我这位老同学就靠着这股劲头，在起步艰难的状况下，迅速赶超了我们大部分人。而且，他的未来也一定不会差到哪里去。

也许，那些比我们更懂得生活不容易的人，更能理解人与人之间多么需要互相支撑。